DIANQI SHEBEI YUNXING JI
WEIHU BAOYANG CONGSHU

电气设备运行及维护保养丛书

高压交流金属封闭开关设备

（高压开关柜）

崔景春 等　编著

中国电力出版社
CHINA ELECTRIC POWER PRESS

内 容 提 要

近几年，随着我国电力工业的快速发展，新技术、新设备、新材料、新工艺在电力系统中的应用层出不穷，相应地对电气设备的运行与维护保养工作也提出了新的要求。为了更好地服务读者，满足读者需求，中国电力出版社组织科研、电力用户、设备制造单位相关权威专家共同编写了《电气设备运行及维护保养丛书》，由10余个分册组成，涵盖了电力系统中的主要电气设备。

本书是《电气设备运行及维护保养丛书　高压交流金属封闭开关设备（高压开关柜）》分册。全书共分为概述、高压开关柜的分类和基本结构、高压开关柜的运行技术、高压开关柜的试验、高压开关柜的运行管理、高压开关柜的维护保养与检修、高压开关柜常见故障分析与处理7章。

本书可供电力行业从事科研、规划、设计、采购、安装调试、运行维护及相关管理工作的人员以及电气设备制造企业从事研发、生产、销售、售后服务等相关工作的人员使用，也可供大专院校相关专业的师生阅读参考。

图书在版编目（CIP）数据

高压交流金属封闭开关设备：高压开关柜 / 崔景春等编著. —北京：中国电力出版社，2016.7（2025.3重印）
（电气设备运行及维护保养丛书）
ISBN 978-7-5123-9116-1

Ⅰ. ①高…　Ⅱ. ①崔…　Ⅲ. ①高压开关柜–运行②高压开关柜–维修　Ⅳ. ①TM591

中国版本图书馆CIP数据核字（2016）第060878号

中国电力出版社出版、发行
（北京市东城区北京站西街19号　100005　http://www.cepp.sgcc.com.cn）
北京天宇星印刷厂印刷
各地新华书店经售
*
2016年7月第一版　　2025年3月北京第六次印刷
787毫米×1092毫米　16开本　11.25印张　200千字
印数4801—5300册　　定价**40.00**元

《电气设备运行及维护保养丛书 高压交流金属封闭开关设备（高压开关柜）》

编　写　人　员

崔景春　马炳烈　于　波　王承玉　宋　杲

刘兆林　赵伯楠　张　猛　和彦淼

前言

近几年，随着我国电力工业的快速发展，新技术、新设备、新材料、新工艺在电力系统中的应用层出不穷，相应地对电气设备的运行与维护保养工作也提出了新的要求。为推广科学、高效、安全、经济的电气设备维护保养方法，以减少电气设备的维修量，提高电气设备的运行效率、延长电气设备使用寿命，更好地服务读者，满足读者的需求，中国电力出版社组织科研、电力用户、设备制造单位共同编写了《电气设备运行及维护保养丛书》。该丛书由《电力线路》《高压交流断路器》《气体绝缘金属封闭开关设备》《高压交流隔离开关和接地开关》《高压交流金属封闭开关设备（高压开关柜）》等10余个分册构成。

本丛书所有参与编写人员均为科研、生产运行、制造一线且工作经验丰富的技术专家，权威性高；内容紧密结合当前电气设备应用实际，实用性强；涉及输变电系统各电压等级、各类型电气设备，涵盖范围广。

本书是《电气设备运行及维护保养丛书　高压交流金属封闭开关设备（高压开关柜）》分册。全书共分为概述、高压开关柜的分类和基本结构、高压开关柜的运行技术、高压开关柜的试验、高压开关柜的运行管理、高压开关柜的维护保养与检修、高压开关柜常见故障分析与处理共7章。本书第一章由崔景春、宋杲编写；第二章由马炳烈、张猛编写；第三章由崔景春、刘兆林和王承玉编写；第四章由崔景春、马炳烈和赵伯楠编写；第五章由于波、刘兆林和宋杲编写；第六章由于波、马炳烈编写；第七章由于波、王承玉、和彦淼编写。全书由崔景春审校统稿。

本书在编写过程中得到中国电力科学研究院、国家电网公司东北分部、天水长城开关厂的大力支持和帮助，提供了十分难得的素材和相关资料，并提出了宝贵的建议和意见。在此，向为本书编写工作付出了辛勤劳动和心血的所有人员表示衷心的感谢。

由于本书编写工作量大、时间仓促，书中难免存在不足或疏漏之处在所难免，敬请广大读者批评指正。

编　者

2016年2月

目 录

概　　述

高压交流金属封闭开关设备（简称高压开关柜），是指除外部连接之外，全部装配已经完成并封闭在接地的金属外壳内的3.6～40.5kV三相交流开关设备和控制设备。高压开关柜是用来接受和分配用电负荷的配电开关设备，它广泛地应用于电力系统的发电厂和变电站，用于石化、冶金、铁路、矿山、城市和农村。

高压开关柜通常由外壳、断路器室或开关室、仪表室、电缆室和母线室组成。外壳内可能装有固定式或可移开式的开关元件，如断路器、负荷开关和接触器等，这些元件可能充有绝缘或开断用的液体或气体。对于具有充气隔室的高压开关柜，其设计压力不应超过0.3MPa（相对压力）；如果隔室内的设计压力超过0.3MPa，应属于气体绝缘金属封闭开关设备（GIS）的范畴。

高压开关柜可以根据主要功能元件的名称来命名，如断路器柜、负荷开关柜、负荷开关–熔断器组合电器柜、接触器–熔断器组合电器柜、TV（电压互感器）柜、计量柜、母联柜等。高压开关柜按柜体结构可分为金属铠装柜、间隔柜和箱式柜，其示意图如图1–1所示。金属铠装式高压开关柜是将组成部件分别装在接地的、用金属隔板隔开的隔室中的开关柜，金属隔板的防护等级要符合规定的防护等级，如IP2或IP3，至少对下列元件应有单独的隔室：① 每一个主开关；② 连向主开关一侧的元件，如馈电线路；③ 连向主开关另一侧的元件，如母线，若有多于一组的母线，各组母线应为单独的隔室。间隔式高压开关柜与铠装柜一样，它的某些元件也分设于单独的隔室内，但可能有一个或多个隔板是绝缘的非金属隔板，隔板的防护等级与铠装柜的要求相同。箱式高压开关柜间隔的数目少于铠装柜和间隔式高压开关柜，而且隔板的防护等级低于铠装柜和间隔式高压开关柜，甚至可能没有隔板。

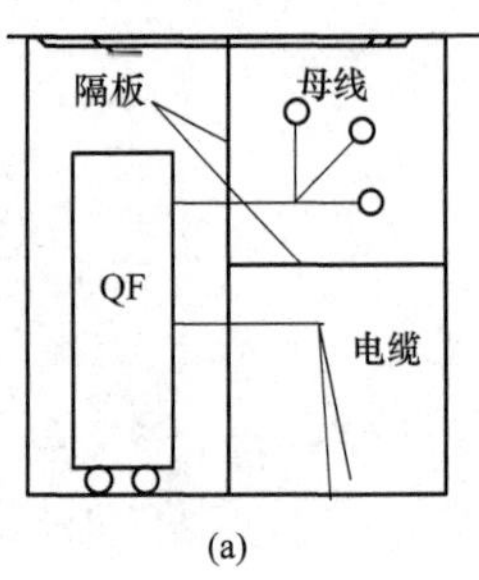

(a)

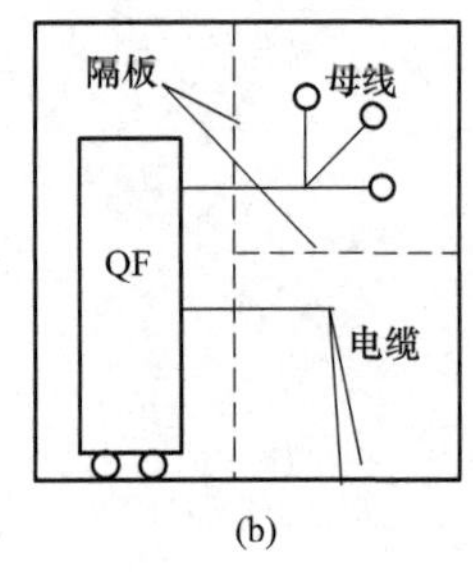

(b)

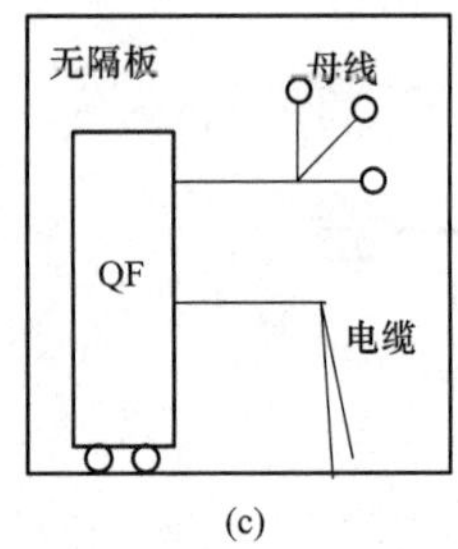

(c)

图 1–1　高压开关柜按柜体结构分类示意图

（a）铠装柜（全部使用金属隔板）；（b）间隔柜（使用 1 个以上的非金属隔板）；
（c）箱式柜（无隔板或隔板不全）

高压开关柜可以根据内部安装的不同元件分隔为 4 种不同类型的隔室，其中 3 种隔室可以打开，称为可触及隔室，一种不能打开，称为不可触及隔室。所谓可触及隔室就是内部装有高压部件，通过联锁控制或程序控制及专用程序和工具等可以打开的隔室。不可触及隔室内部装有高压元件，是不可以打开的隔室，如打开会使隔室的完整性遭到破坏。不可触及隔室应有不可打开的明显警示。隔室也可以按照内部的主要元件来命名，如断路器隔室、母线隔室、电缆隔室等。隔室也可以按所用绝缘介质来命名，如充气隔室、充液隔室、固体绝缘隔室。高压开关柜内隔室间的相互连接所必需的开孔应该采用套管或其他等效方法进行封闭。

高压开关柜的外壳应能够提供规定的防护等级，以保护内部设备不受外界影响，防止人员接近或触及带电部分，防止人员触及运动部分以及防止固体外物和水进入设备，防护机械撞击损伤。

一、高压开关柜的发展和应用

高压交流金属封闭开关设备是在间隔式配电装置、敞开式和半封闭式高压开关柜的基础上发展起来的全金属封闭型高压开关设备。最早的配电装置是将母线装在墙上，下面装上隔离开关，断路器（多油）放在地上，然后配用隔离开关、互感器等形成配电回路。配电间内各个回路用墙隔开，前面用铁丝网与道路分开并开有铁丝网栅门，以供运行和检修人员进出。这种配电装置称为间隔式配电装置，是敞开式的配电装置，简单、经济、直观，但占地面积大，尤其是安全性太差。此种间隔式配电装置在 20 世纪 70 年代末和 80 年代初仍有运行。随着用电容量的不断增长，特别是少油断路器大量投运后，间隔式套电装置的安全性问题令人担心。为此，大约在 20 世纪 40 年代开始使用一种用钢板作为外壳的固定式开关柜，其结构如早期使用 GG–1A 型固定式开关柜，柜的顶部装有三相敞开式的母线，下面是隔离开关，断路器固定安装在柜的背面槽钢上，柜靠墙安装，中间有铁板与下部隔开，隔板上装有电流互感器，母线穿过互感器与下隔离开关相连并与出线连接，从而构成一个完整的配电间隔。此种开关柜正面由铁丝网和网栅门构成，实际上前面部分仍然是敞开式的，以便于运行人员的巡视。后来这种开关柜又将正面改由上、下两扇铁板做成的门封闭起来，但上部仍是敞开的，使之成为半封闭式的结构，示意图分别如图 1–2 和图 1–3 所示。为便于少油断路器的检查和维护，也为了提高高压开关柜的安全性能，在 20 世纪 50 年代开始出现了落地式手车开关柜。手车开关柜就是将断路器安装在手车上，手车上装有隔离插头与断路器进出端相连，通过隔离插头与上部的母线和下部的出线的触头座相连，通过手车的拉出实现回路的隔离，也就是用隔离插头替代了上、下隔离开关，同时所有的元件均封闭在开关柜内，其示意图如图 1–4 所示。手车柜的出现不但便于断路器的检修维护，而且节省了隔离开关，更能保证运行人员的人身安全，关键是便于检修。因此，在少油断路器为主导地位的年代，直至 20 世纪 80 年代，电力系统使用的高压开关柜绝大部分是落地式手车柜，其他则是固定式的而且是全封闭或只有上母线部分为敞开式的半封闭式 GG–1A 型开关柜。

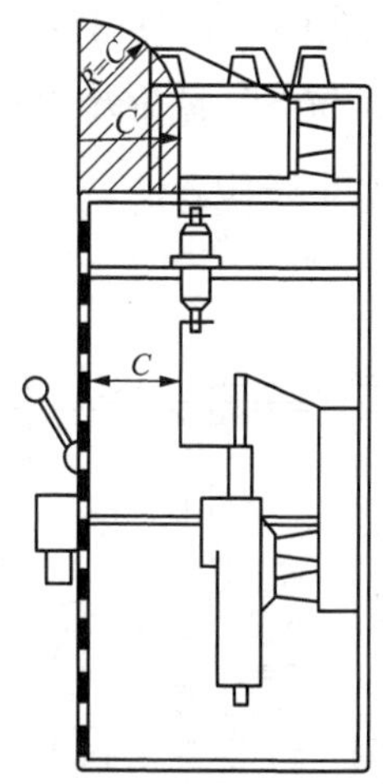

图 1–2 采用铁丝网状封板和网门结构的 GG–1A 型开关柜示意图

C—裸露带电部分与金属门的最小距离不小于 225mm

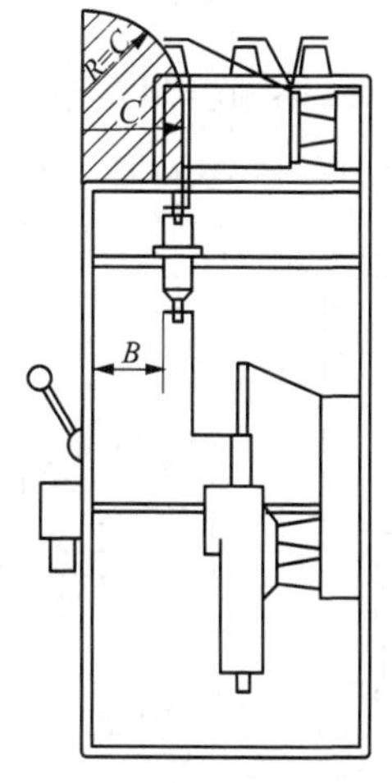

图 1–3 采用金属门结构的 GG–1A 型开关柜示意图

B—裸露带电部分与金属门的最小距离不小于 200mm

20 世纪 70 年代，SF_6 断路器和负荷开关，以及真空断路器和负荷开关开始在电力系统中推广应用，这两种新型开关设备为高压开关柜向小型化发展提供了条件，尤其是自 20 世纪 80 年代开始用 SF_6 或真空断路器代替少油断路器而实现无油化的潮流以后，进一步促进了高压开关柜的技术发展。世界上各大开关柜制造商先后推出了不同结构形式和技术性能的以 SF_6 断路器或真空断路器为主开关的小型

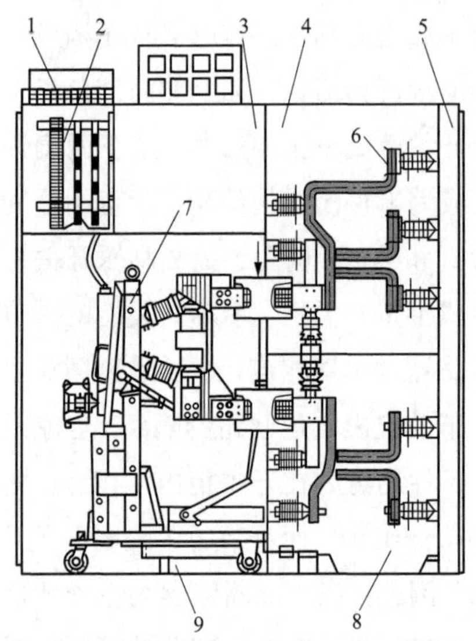

图 1–4　12kV 落地式铠装手车柜示意图
1—小母线室；2—继电器室；3—中隔室；4—主母线室；5—电缆室出气道；6—主母线；7—断路器手车；8—电缆室；9—手车室

化空气绝缘手车柜，以及以 SF_6 气体为外绝缘的充气柜，高压开关柜的生产水平和技术水平，尤其是工艺水平得到了很大的提升，以空气绝缘为主的复合绝缘型高压开关柜，在结构布置、连锁功能、绝缘结构、柜体板材和制作工艺等各个方面进行了大量的革新和创新。20 世纪 90 年代使用新型敷铝锌钢板，采用多重折弯加工工艺制成的组装式柜体，将真空断路器置于柜体中部的中置式高压开关柜内，使得中压断路器和开关柜的制造技术跨入了一个新的生产时代。图 1–5 和图 1–6 分别为 12、40.5kV 中置式铠装手车柜示意图；12、40.5kV 真空断路器双母线三气室 SF_6 充气柜示意图见图 1–7；12kV 空气绝缘 SF_6 负荷开关–熔断器阻合电器柜示意图见图 1–8；三工位 SF_6 负荷开关柜示意图见图 1–9；空气绝缘接触器–熔断器组合电器柜示意图见图 1–10。

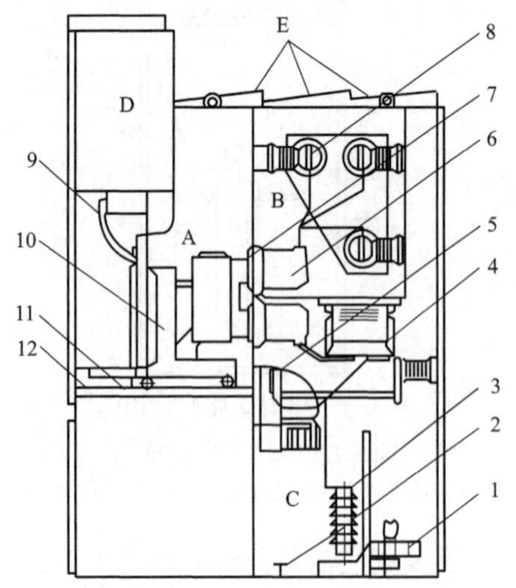

图 1–5　12kV 中置式铠装手车柜示意图
A—手车室；B—母线室；C—电缆室；D—仪表室；E—泄压装置
1—零序电流互感器；2—接地主母线；3—避雷器；4—电流互感器；5—接地开关；6—静触头盒；7—活门隔板；8—主母线；9—二次插头；10—断路器；11—可抽出式水平隔板；12—接地开关操作杆

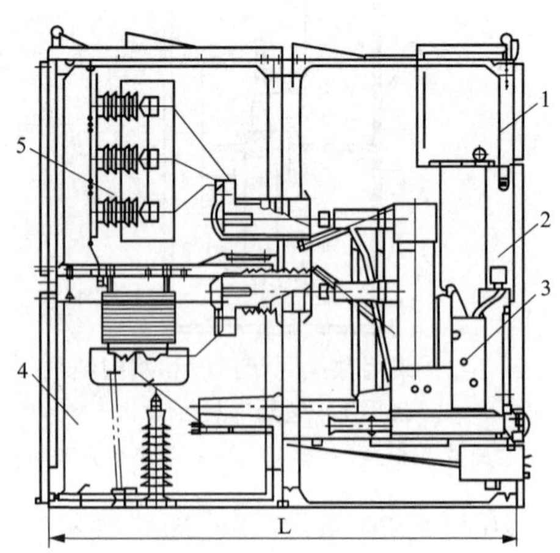

图 1–6　40.5kV 中置式铠装手车柜示意图
1—仪表室；2—手车室；3—断路器；4—电缆室；5—主母线

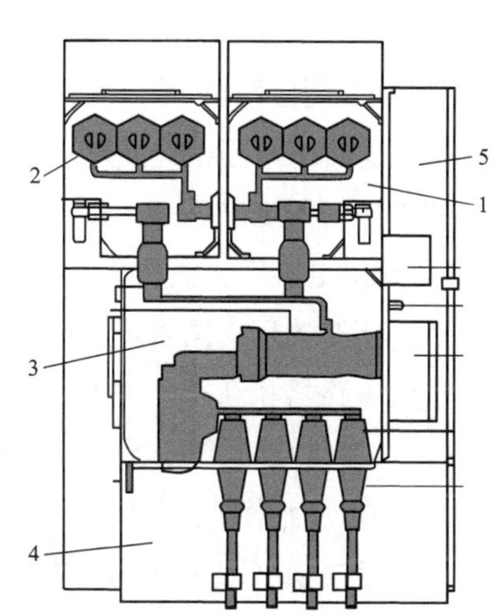

图 1–7 12、40.5kV 真空断路器双母线三气室 SF_6 充气柜示意图

1、2—母线室；3—断路器室；4—电缆室；5—二次控制室

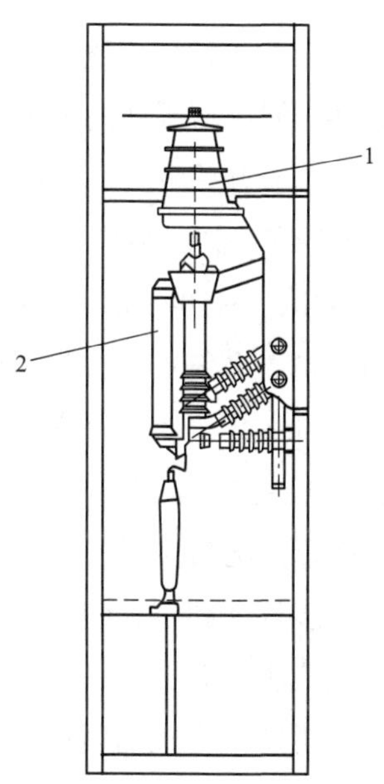

图 1–8 12kV 空气绝缘 SF_6 负荷开关–熔断器组合电器柜示意图

1—压气式负荷开关；2—熔断器

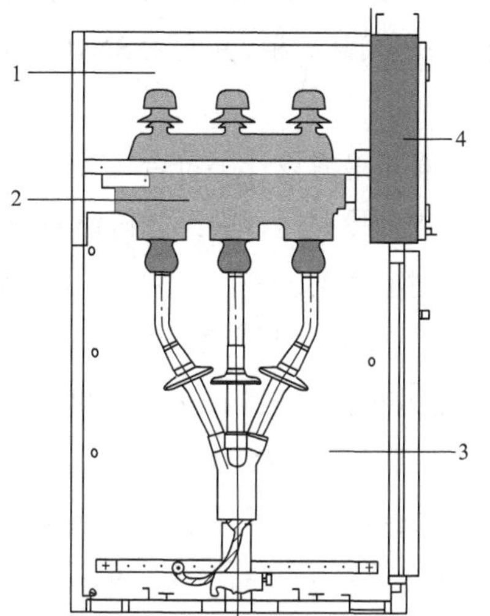

图 1–9 三工位 SF_6 负荷开关柜示意图

1—母线室；2—负荷开关；3—电缆室；4—二次控制室

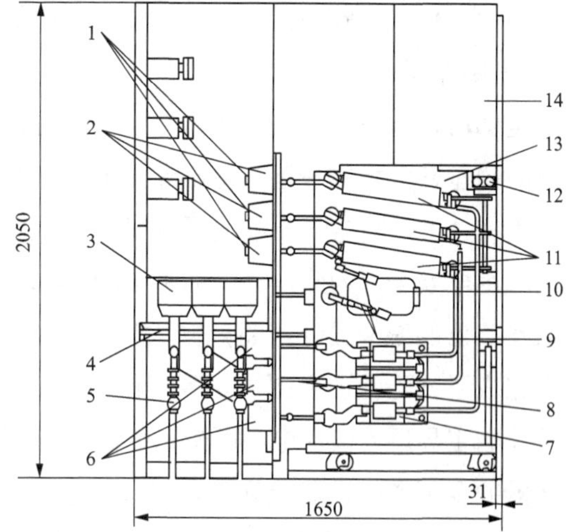

图 1–10 空气绝缘接触器–熔断器组合电器柜示意图

1—母线；2—母线套管；3—电流互感器；4—接地开关；5—电缆；6—电缆套管；7—接触器；8—接触器隔离插头；9—控制变压器用熔断器；10—控制变压器；11—熔断器；12—二次插头；13—手车室；14—低压室

我国 12kV 高压开关柜的生产与 10kV 少油断路器的生产同时起步，均始于 20 世纪 50 年代初。20 世纪 50 年代电力系统使用的户内 10kV 配电装置以间隔式配电装置为主，因为当时所谓的 GG–1A 型开关柜与间隔式配电装置并没有太大差

别，只是将间隔墙变成铁板而已。20 世纪 60 年代中期，为了满足我国电力工业发展的需要，解决高压开关技术参数低和供不应求的落后局面，当时的一机部组织有关科研院所和开关生产厂家的专业技术人员组成联合设计组，进行 10kV 少油断路器的联合设计和研制。20 世纪 60 年代末和 70 年代初，由我国自行设计的 SN10–10Ⅰ、SN10–10Ⅱ、SN10–10Ⅲ型系列定向喷油气的大排气少油断路器相继问世，并且很快使用到电力系统中。与此同时，国内一批新兴的中压开关生产厂家，如北京开关厂、天津开关厂、苏州开关厂、天水长城开关厂、四川电器厂、福州第一开关厂、锦州新生开关厂、湖北开关厂、湖南新生开关厂、柳州开关厂、昆明开关厂、广州南洋开关厂、沈阳市开关厂等，纷纷开始生产大排气断路器和高压开关柜。为了装用大排气少油断路器，GG–1A 柜变为半封闭式结构，同时各厂纷纷开发了多种类型的落地式手车开关柜，尤其是在 20 世纪 70 年代中期，为了满足城市电网变电站的需要，生产了大批的所谓小型化的落地式手车开关柜，如 GC 和 GFC 系列柜，其柜体宽度有 630、700、730、800、840、900mm 多种尺寸，相间和对地的空气间隔不但小于电力系统要求的 125mm，而且还小于制造系统要求的 100mm，绝缘件的爬电比距只有 12～14mm/kV。为了满足电力系统发展的需要，20 世纪 80 年代初，又联合设计了新型 KYN 和 JYN 型 10kV 和 35kV 手车式开关柜，并配用 SN10–10（35）型断路器。

至 20 世纪 80 年代初，由于大量大排气少油断路器和绝缘设计不符合运行工况要求的高压开关柜的投运，造成高压开关柜的短路开断事故和运行中绝缘闪络事故层出不穷，“火烧连营”事故频频发生，严重地威胁到电力系统和广大用户的运行安全和用电安全。为此，一机部于 1979 年又重新组织有关单位进行 SN10–10 系列少油断路器的统一设计，将定向大排气灭弧结构改进为小排气灭弧结构，1980 年年底完成了试验验证和图样定版工作。1981 年，北京开关厂作为 SN10–10 系列联合设计的主导厂，按水电、机械二部的要求，在其开关柜产品上完成了小排气少油断路器的全部型式试验验证工作，并通过了两部召开的全系列产品鉴定会的认可。1982 年 2 月，根据北京开关厂对小排气产品的验证成果，两部联合发出《关于 10 千伏大排气少油断路器完善化的通知》，要求各生产厂家应装用小排气 SN10–10 系列断路器，在所用开关柜上进行全部型式试验考核，通过考核后方可为用户提供产品，同时应停止大排气开关柜的生产；通知还要求电力系统要对使用中装用 SN10–10 大排气断路器进行完善化改造，应避免发生开断事故和“火烧连营”事故。由此，一场大规模的大排气少油断路器改造工作在电力系统展开，持续时间达 4 年之久。为了解决开关柜中绝缘事故频发的问题，水电部生产司于 1985 年组织有关单位对高压开关柜的绝缘性能进行了全面的试验验证和试验研究。通过近 3 年的试验，证明高压开关柜内由于绝缘设计强度不足，在潮湿和凝露条件下是造成相间短路或对柜体短路的主要原因，并提出了改进措施。1988 年两部组织专家对绝缘验证成果进行了鉴定，认为研究成果符合运行实况，为高压开关柜及其主要元件的绝缘设计改进提供了依据，可以在产品中推广应用。20 世纪 80 年代中期开展的大排气改进和绝缘改进工作，使得我国生产的配用少油断路器的落地式手车柜和固定式 GG–1A 柜的技术性能和质量水平得到大幅度的提升，运行可靠性有了明显的提高。

进入 20 世纪 80 年代之后，改革开放的政策使我国电力工业进入了快速发展时期。用电量的快速增长，使得 10～35kV 高压开关柜的需求量日益增大，而原有机械部 10～35kV 断路器和开关柜的定点生产厂的生产能力已不能满足市场的需要。在此形势下，又是处于改革开放的初期，各地出现了一批新的、各式各样的高压开关柜生产厂家，其中绝大部分并不具备生产高压开关柜的生产条件、检测试验手段、技术力量和相应的专业技能人员，它们生产的开关柜既不做型式试验，也不做出厂试验，更不经主管部门审查鉴定，就直接进入了电力市场。这些工艺粗糙、质量低劣的不合格产品流入电力系统后，导致故障明显增加，系统的安全运行受到严重的威胁。为了改变这种无序生产的状况，原机械部电工局和水电部生产司于 1986 年 6 月联合发出《关于整顿高压开关柜生产秩序的通知》，要求各省、市机械和电力两主管部门对高压开关柜的生产企业，从生产条件、加工装备、检测手段、人员素质和型式试验等方面进行清理和整顿。经过对近 4000 个生产企业的调查和清理，1988 年对整顿合格的 413 个高压开关柜生产厂家和 42 个 SN10–10 系列少油断路器的生产厂家，两部颁发了准予生产的整顿合格证书。经整顿后，各生产厂家从生产条件、检测手段、技术力量等方面都得到明显的改善和提高，产品的质量水平和管理水平也得到较大的提升。自此，我国高压开关柜的生产进入了一个可控的新的发展时期。

进入 20 世纪 90 年代之后，随着真空断路器的发展，配用真空断路器的开关柜成为新的发展热点，1993 年 10 月由西高所组织的联合设计组开发的 XGN2–10 固定式箱型配用真空开关柜通过两部鉴定，1995 年 7 月由两部联合设计组率先设计和研制的加强绝缘型陶瓷外壳真空灭弧室、真空断路器和固定式箱型配用真空断路器的 GGX2–10 型高压开关柜通过两部鉴定。两种固定式箱型真空开关柜的研制成功，促进了真空断路器和真空开关柜在电力系统的推广使用。90 年代中期西门子公司 8BK20、ABB 公司 ZS1 和 AEG 公司 ECA 等高精度、高性能的中置式手车开关柜大量进入我国电力系统，尤其是 ZS1 和 ECA 的开关柜外壳采用敷铝锌钢板经多重折弯后铆接而成的柜体，为我们提供了高压开关柜柜体加工的新材料和新工艺，也为高压真空断路器要求机械传动配合精确、机械动作特性稳定提供了保证。中置

式真空开关柜和采用敷铝锌钢板经多重折弯和铆接而成的组装式柜体受到运行部门的热烈欢迎，国内的生产厂家也先后开发出敷铝锌板开关柜，使得我国的开关柜柜体的加工工艺水平得到极大的提升，焊接式的加工工艺基本淘汰，开关柜的质量水平完全可以满足现代高精度工艺制成的真空断路器的要求。目前，我国真空断路器及其开关柜的技术水平和质量水平已经达到了国际先进水平。

二、高压开关柜的发展趋势

随着人们对供电可靠性要求的不断提高，高压开关柜作为直接担负着千家万户和无数工矿、企业、商业、机关用电安全的配电设备，其不断向着高可靠性、高安全性、智能化、小型化、模块化、环保化和免维护的方向发展。

（1）高可靠性：可靠性是高压开关柜确保供电安全的最重要的基础性能，它的可靠性是建立在各种功能元件的可靠性基础上的综合可靠性。为了确保各功能元件的可靠性，就必须不断提高加工精度，缩小公差配合，确保机械动作的可靠性和稳定性。高压开关柜内所有零部件机械加工的精密化是确保机械动作可靠性的基础，同时还应不断改善各主要功能元件和开关柜的绝缘性能和热性能。这就要求开关柜及其元件的绝缘设计和布置必须进行三维电场、温度场、机械传动链的模拟计算，使电场分布尽可能均匀，绝缘裕度尽可能大。柜内设计和元件布置必须合理，散热通道和压力释放通道应有足够的空间，在 110%的额定电流下温升还应有一定的裕度。如果高压开关柜能够确保具有较高的机械性能、绝缘性能和热性能，其运行可靠性就有了足够的保证。

（2）高安全性：安全性是指两个方面的安全性能，一方面是高压开关柜自身的安全性，这基本要由其可靠性来保证；另一方面是对运行人员人身安全性的保障。这就要求高压开关柜应具有一定的防护等级，应该具有可靠的机械连锁和电气连锁，应具有耐受内部电弧故障的性能。

（3）智能化：实现高压开关柜的智能化是确保其供电可靠性和适宜大量无人值守变电站的必然趋势，高压开关柜的智能化就是采用现代传感技术、信息处理技术和数字化技术，集监测、保护、控制、联锁、显示、监视、通信、计量、故障录波等功能于一身，实现对高压开关柜的全面监控、诊断和操作。实现高压开关柜智能化的基础是传感器技术，首先是电子式电流和电压互感器的应用，其次是要使用各种不同的传感器和智能电子装置来实现对不同元件、不同性能、不同故障、不同参数的在线监测和信息传递。高压开关柜所用的传感器应适于高压开关柜的运行工况和技术要求。高压开关柜智能化的目的是提高供电可靠性、安全性，实现全面自动化，满足变电站无人值守的需要。

（4）小型化：高压开关柜的小型化一直是各大公司的研究课题，并且也取得了一定的进展，开关柜的尺寸也在不断地减小。小型化的原则应该是在确保运行可靠性，尤其是电气绝缘可靠性的基础上的小型化，可以通过采用复合绝缘或改变绝缘介质来实现，如采用 SF_6 气体或其他绝缘气体作为绝缘介质的充气柜，或如近年来以采用固体绝缘为绝缘介质的固体绝缘柜。也可以通过元件性能的组合来实现开关柜的小型化，如三工位隔离/接地开关、多功位负荷开关或隔离断路器等功能元件的使用。高压开关柜，不管是断路器柜，还是负荷开关–熔断器柜，或者是 F–C 回路柜，它们的内部元件就是那么多，其空间就是那么大，其尺寸小到目前的宽度已经接近极限，小型化不能影响高压开关柜的运行可靠性。

（5）模块化：高压开关柜主要功能元件的模块化设计，可以根据不同的运行要求进行不同的功能元件的组合，从而满足不同功能、不同接线方案、不同回路数量、不同布置方案和扩建方案的要求，使之更适于批量化、多系列、多参数、多品种的规模化生产，更利于产品质量的控制、生产组织和计划管理，从而提高生产效率并降低成本。高压开关柜可以根据内部功能元件的不同作用分为多种模块，如柜体模块、断路器模块、负荷开关模块、接触器模块、隔离/接地开关模块、母线模块、母线或电缆连接模块、二次保护和控制模块等，根据运行部门的不同要求，实现不同的功能组合，满足不同工程的需要。模块化的设计不仅利于生产，同时也利于安装、调试和运行维护，更适于标准化的生产管理。

（6）环保化：环境保护工作越来越受到人们的重视，它涉及产品的设计、生产、使用、维护直至报废。高压开关柜的设计、材料选择、绝缘介质的选用，都必须考虑对环境的影响。因此，从环境保护的角度出发，最能满足环保化要求的高压开关柜应该是以真空断路器、真空负荷开关和真空高压交流接触器为主开关设备，采用空气为绝缘介质的开关柜。采用 SF_6 气体作为绝缘介质和灭弧介质，采用环氧树脂材料，SMC、DMC 材料，或其他有机绝缘材料作为绝缘介质的高压开关柜，应该说或多或少都不符合环境保护的要求，同时也不利于运行人员的安全保证。运行部门应该大力提倡使用环保型高压开关柜。

（7）免维护：高压开关柜是使用范围最广、运行数量最大的高压开关设备，实现高压开关柜的少维护或免维护具有极为重要的现实意义和社会意义，因为绝大多数的高压开关柜并不在电网公司的管辖范围之内。要实现高压开关柜的少维护直至免维护，首先必须能够实现主要功能元件的少维护或免维护，如断路器、负荷开关、接触器、隔离开关、接地开关等。高质量、高可靠性的产品要依靠先进的高科技的生产工艺，以及严格的质量控制和质量保证体系。高压开关柜及其内部主要功能元件在寿命期内达到少维护和免维护是运行部门的期盼，也是生产厂家所追求的目标。

高压开关柜的分类和基本结构

第一节　高压开关柜的分类

随着制造技术和运行技术的不断发展及使用的专门化，高压开关柜形成了各种不同的结构类型和功能类型，但通常是以装用的主开关元件形式及安装方式、结构形式、主绝缘介质、使用功能和使用环境进行分类。2003 年 IEC 发布的 IEC 62271–200：2003《额定电压为 1kV 以上和 52kV 以下（包括 52kV）的金属封闭式交流开关设备和控制设备》标准对高压开关柜按照设备运行维护时的具体功能进行了新的分类，这种新的分类方法是根据维护人员进入一个隔室时，能够保持高压开关柜的某些运行连续性的能力进行分类。同时，该标准对内部电弧故障情况下保护设备附近人员的安全性也进行了分类。

高压开关柜的基本分类见表 2–1。

表 2–1　　高压开关柜的基本分类

分类依据	分　类
按主绝缘介质	空气绝缘型、气体绝缘型、固体绝缘型
按结构形式	铠装式、间隔式、箱式
按主母线形式	单母线柜、双母线柜、旁路母线柜
按主开关元件形式	断路器柜、负荷开关柜、负荷开关–熔断器组合电器柜、接触器–熔断器组合电器柜
按主开关元件安装方式	固定柜、可移开式柜（手车柜）

续表

分类依据	分　类
按运行连续性	LSC1、LSC2（LSC2B、LSC2A）
按耐受内部电弧能力	内部电弧级（IAC）、非内部电弧级
按使用环境条件	户内型、户外型、特殊使用环境条件型（高海拔、核电用等）

一、按主绝缘介质分类

按照相间、相对地的主绝缘介质，高压开关柜分为以下三大类：

（1）以自然空气为主绝缘介质的称为空气绝缘开关柜（AIS）。

（2）以 SF_6 气体或压缩空气、氮气，或压缩空气、氮气与 SF_6 混合的气体为主绝缘介质的，称为气体绝缘开关柜，由于 12～40.5kV 充气柜的外形一般都做成柜形，所以也称为柜式气体绝缘开关柜（C–GIS）。

（3）相间和相对地的主绝缘介质均完全由固体绝缘材料提供时，称为固体绝缘开关柜（SIS）。

空气绝缘开关柜的体积较大，易受大气环境条件的影响，如污秽、潮湿等。为了降低对周围环境空气质量的敏感性和缩小尺寸，有些产品采用了主回路导体包覆固体绝缘材料层的复合绝缘结构，既起防护作用，也承担部分主绝缘的能力。

气体绝缘开关柜是 20 世纪 80 年代发展起来的一种产品，主要特征为除一次进出线和隔室单元的连接件外，开关柜的主、分支母线和开关元件等均处于 0.3MPa 及以下的 SF_6 气室中，或在压缩干燥空气、氮气、SF_6 混合气体的密封压力气室内。开关柜的进出线和气室之间的连接采用应力锥电缆插接头或母线连接器，使开关柜的整个主回路不受外部环境条件的影响，提高了外绝缘的运行可靠性。同时，由于绝缘气体的应用，缩小了沿面爬距和绝缘间隙的尺寸，使得开关柜小型化，减少占地面积。在一些气体绝缘环网柜产品中，部分隔室（单元）内的 SF_6 气体除作为绝缘介质外，也作为灭弧介质。

固体绝缘开关柜的基本特点是主回路导体外绝缘采用环氧树脂或合成橡胶，并在其外表面覆有接地层，实现主回路与外部环境的隔离，使开关柜免受外部环境条件的影响，提高了外绝缘的运行可靠性，也可实现开关柜的小型化，减少占地面积。

与空气绝缘开关柜相比，气体绝缘开关柜和固体绝缘开关柜除了具有不受环境影响的特点外，还具有在全寿命周期内（包括占地、运行维护等方面）总成本较低的经济优势。

二、按结构型式分类

这种分类方法是 IEC 62271–200:2003《额定电压为 1kV 以上和 52kV 以下（包括 52kV）的金属封闭式交流开关设备和控制设备》之前的标准规定的，它从结构设计上将高压开关柜分为 3 种类型：铠装式开关柜、间隔式开关柜和箱式开关柜。

（1）铠装式开关柜：至少要设置主开关和主开关两侧元件（如馈电线路和母线）的 3 个独立隔室，组成部件分别装在接地的、用金属隔板隔开的单独的隔室中，金属隔板应符合所规定的防护等级。

（2）间隔式开关柜：如同铠装式开关柜一样设置内部隔室，组成部件分别装在单独隔室中，但隔室之间具有一个或多个非金属隔板分隔，隔板的防护等级应符合所规定防护等级，运行维护人员可触及的隔板的泄漏电流应满足相应规定。

（3）箱式开关柜：除铠装式和间隔式以外的开关柜，它的隔室数量少于上述两种开关柜，隔板的防护等级可低于 IP2X，或者可以不设隔板。

按开关柜结构型式的分类方法比较直观，广为开关柜设计人员和电力系统开关专业管理、运行人员所熟悉，以至于到现在还有许多设计、运行人员仍普遍使用这种分类方法。但这种分类方法偏重于从结构上划分，未对运行性能做描述，而 IEC 62271–200:2003 标准按运行连续性的分类方法更能反映高压开关柜的运行属性。

三、按主开关元件及安装方式分类

高压开关柜根据配装不同的主开关元件分类，有断路器柜、接触器柜、接触器–熔断器组合电器柜、负荷开关柜、负荷开关–熔断器组合电器柜、互感器柜、计量柜、接地开关柜等。

按主开关元件在柜内的安装方式可分为两大类：一类是固定柜，即主开关元件被固定安装在主回路中；另一类是可移开式柜，即主开关元件安装在可移开的部件上，习惯上也叫手车柜，它又可以分为落地式手车柜和中置式手车柜。

四、按主母线形式分类

为了适应变电站中压母线系统各种主接线方式的要求，高压开关柜设计有单母线柜、双母线柜、旁路母线柜 3 类。

五、按维修时保持运行连续性分类

IEC 62271–200：2003、GB 3906—2006《3.6kV～40.5kV 交流金属封闭开关设备和控制设备》和 DL/T 404—2007《3.6kV～40.5kV 交流金属封闭开关设备和控制设备》等标准中，由高压开关柜的使用、维护、安全性属性出发，从运行连续性（LSC）性能、隔室隔板等级、隔室类别和内电弧故障等级 4 个主要方面规定了新的设计分类规则。根据当主回路中的一个隔室被打开后，其他隔室能否继续带电的，以及隔板采用的材料形式，把高压开关柜分为 LSC1（LSC1–PM、LSC1–PI）、LSC2（LSC2A–PM、LSC2A–PI、LSC2B–PM、LSC2B–PI）。具体类型划分详见表 2–2。

表 2–2　　高压开关柜的结构特征类型

<table>
<tr><th>项　目</th><th colspan="2">开关柜分类</th></tr>
<tr><td>运行连续性性能</td><td colspan="2">LSC1 类、LSC2A 类、LSC2B 类</td></tr>
<tr><td>隔室隔板等级</td><td colspan="2">PM（金属隔板）级、PI（含绝缘隔板）级</td></tr>
<tr><td rowspan="3">隔室类别</td><td>母线隔室</td><td rowspan="3">（1）联锁控制的可触及隔室；
（2）由程序控制的可触及隔室；
（3）由工具控制的可触及隔室；
（4）不可触及隔室</td></tr>
<tr><td>断路器隔室</td></tr>
<tr><td>电缆隔室</td></tr>
<tr><td>内电弧故障等级</td><td colspan="2">IAC 级、非 IAC 级</td></tr>
</table>

（1）LSC1 类开关柜：除一个被打开的主回路隔室的功能单元外，至少有另一个功能单元不能连续运行。

（2）LSC2 类开关柜：除一个被打开的主回路隔室的功能单元外，其他所有的功能单元都能连续运行，但是打开单母线开关柜的母线隔室时，不能连续运行。LSC2 类开关柜根据隔室的数量和功能回路柜主回路断点数等条件又可分为 LSC2A 和 LSC2B 两类：① LSC2B 类开关柜。打开功能单元的其他可触及隔室时，该功能单元的电缆隔室可以继续带电的开关柜。② LSC2A 类开关柜。除 LSC2B 类开关柜外的开关柜。

IAC 级开关柜可以耐受内部电弧作用，而且经过试验验证在其内部发生故障电弧时，能为设备附近的人员提供有效的人身防护。表示 IAC 级开关柜耐受内电弧故障水平的参数有内部电弧故障电流的大小和持续时间；开关柜方位标志——开关柜前面（F 面）、侧面（L 面）和后面（R 面）；可触及性类别标志（A 类、B 类或 C 类）。可触及性类别的含义：A 类为仅限于授权的人员可触及性；B 类为包括一般公众在内不受限制的可触及性；C 类为接触不到的设备（如柱上安装的开关柜）限定的可触及性。

上述标准按不同运行连续性分类的方法，对高压开关柜属性的描述虽然更加抽象，但也更为本质，对各种类型和技术特点的高压开关柜有更好的包容性。

六、按使用环境条件分类

高压开关柜还可按使用环境条件分类，除符合标准规定的正常使用环境条件的户内、户外型开关柜外，还有可用于高海拔、高寒、污秽、矿山、核电厂 1E 级要求等各种特殊环境条件的开关柜，这些特殊环境条件使用的开关柜应满足相应的特殊要求。

第二节　高压开关柜的基本结构

由于高压开关柜的类型、规格和接线方案的不同，产品的具体结构也千差万别，但其基本结构应包括外壳、隔室、主回路导体、绝缘件、主开关元件、主母线和分支母线、电流互感器、隔离开关或隔离插头及接地开关等一次元件，还应包括二次回路及其控制保护元件、测量仪表、内部电弧故障压力释放结构、接地回路、操动机构及连锁装置等。

一、基本构成

按零部件功能区分，高压开关柜一般可分为外壳、隔室、主绝缘形式、主回路、二次回路、可移开部件、联锁装置、内部电弧故障泄压通道和盖板和接地回路等几大部分。

1. 外壳

外壳是开关柜的基础，具有支撑内部元件和构件，以及保护内部设备不受外界影响，防止人员接近或触及带电部分和触及运动部分的作用。外壳由骨架、左右侧板、隔室隔板、前后盖板或门、顶盖和底部的封板构成，这些部件均用金属材料制作，绝缘隔板由绝缘材料制作。柜体可分为焊接柜体和组装柜体两种结构形式。高压开关柜的外壳也可以使用绝缘材料，这种开关柜称为高压交流绝缘封闭开关设备和控制设备，目前我国尚无此类产品。

高压开关柜的安装地面可以作为外壳的一部分，但房间的墙壁不应作为外壳的一部分。

开关柜外壳防止异物和水进入柜内的防护水平用防护等级 IP 代码表示，外壳抵抗机械冲击的能力用 IK 代码表示。开关柜外壳上的观察窗、作为外壳一部分的隔板或活门、通风口的防护应与外壳的防护等级相同，且具有足够的机械强度。

开关柜内的金属隔板和活门及它们的金属部件应与功能单元的接地点相连，从金属部件到规定的接地点通过 30A（DC）电流时，压降应不超过 3V。

2. 隔室

高压开关柜的隔室分为两大类 4 种类型，见表 2–2。

第一类为不可触及隔室。这些隔室在正常运行和维护时不需要打开，有不可打开的明显标志。

第二类为可以触及隔室，这些隔室可以打开进行正常操作和/或维护，但打开的盖板和门是受联锁或操作程序控制的，或者需要专用程序和工具才能打开。这些盖板和门上可采取类似加装挂锁的措施。

隔室还可以按内部安装的主要元件进行划分和命名，如断路器隔室、母线隔室、电缆隔室等。单独嵌入在固体绝缘材料中的主要元件可以被看成隔室。

隔室间的相互连接应采用套管或其他等效方法加以封闭，而母线隔室可不采用套管而延伸到几个功能单元。但是，对于 LSC2 类开关设备和控制设备，每组母线

应有独立的隔室。

隔室可以是各种形式的，如充液隔室、充气隔室［高压开关柜充气隔室的设计压力应小于或等于 0.3MPa（相对压力）］、固体绝缘隔室。

3. 主绝缘形式

高压开关柜的主绝缘包括一次回路及元件导体的相对地和相间绝缘结构，其中主绝缘介质形式一般有 3 种，即纯空气介质、SF_6或与其他气体混合的气体介质、由空气加绝缘隔板或导体包裹薄固体绝缘层加空气的复合绝缘结构。

4. 主回路

高压开关柜的一次回路是指传送电能的路径，由主母线和分支母线、隔离开关或隔离插头、主开关、电流互感器、电压互感器和保护用接地开关等构成。一般如断路器等主开关元件都安装在单独隔室内，可以采用固定式安装，也可以采用手车式安装。

5. 二次回路

高压开关柜的二次回路是由控制、保护、测量、信号、辅助元件及其连接线构成的低压系统的总称，用以对一次主开关元件进行操作、保护和信号指示，对一次主回路电量进行显示，对一次带电状态进行指示，对诸如照明、加热、风机等辅助元件进行控制等。二次元件一般均集中布置在二次仪表隔室内。

6. 可移开部件

可移开部件是指高压开关柜中，即使在功能单元的主回路带电的情况下，也能够被完全移出并被替换地连接到主回路的部件，俗称手车。可移开部件在开关柜内可有 3 个位置，即工作位置、隔离位置、试验位置，通常会把隔离位置和试验位置合并在一个位置。而在开关柜外，还有一个移开位置。

可移开部件可分为只用以形成隔离断口和作为隔离开关使用两种类型。这两种类型的机械操作试验次数要求不同，但在隔离位置时所形成断口的绝缘水平要一样符合隔离断口的绝缘要求。

任何可移开部件与固定部分的连接，在运行条件下，特别是在短路电动力作用下，均应不会被意外地打开。

7. 联锁装置

联锁装置是高压开关柜防止误操作、保证操作安全的重要组成部分。

为保证高压开关柜的操作安全，防止误操作，一次开关元件之间，如断路器、隔离开关、接地开关的操作要保证具有正确的操作程序。同时这些一次元件的状态（分闸、合闸）与门、盖板及可移开部件的操作之间也应具有正确的关联关系，所以在这些开关元件之间，以及这些元件与相应的盖板、门和可移开部件之间应设置保证实现正确操作顺序的联锁部件，并应优先采用机械联锁，而在开关柜之间难于实现机械联锁时可采用电气联锁或程序锁。

8. 内部电弧故障泄压通道和盖板

高压开关柜应设计有主母线室、电缆室、断路器室发生内部电弧故障时能够有效释放高温高压气体的通道和释放盖板。释放通道应具有足够的截面积和通畅的路径，释放盖板开启压力的设计应适当。

9. 接地回路

高压开关柜内应设置一、二次回路的接地连接导体，并与变电站的接地电网可靠连接。与一次回路有关的接地包括接地装置、接地连接、一次元件基架和可移开部件的接地连接，以及高压开关柜并柜方向上的专用连接导体。二次回路应设置单独的接地系统。

二、典型高压开关柜的结构介绍

1. 空气绝缘高压断路器开关柜

（1）固定式空气绝缘开关柜。历史上，最早的空气绝缘开关柜为固定柜，即断路器固定安装于开关柜内。

图 2–1 为国内早期制造的 GG1A–10 型固定式高压开关柜结构示意图，图示主接线方案为架空（进）出线形式。该型开关柜的主母线及母线侧隔离开关都是裸露的，没有被封闭在金属壳内，属所谓半封闭式结构。柜体的基本结构先是用角钢焊接成骨架，再于所需部位焊上封板，柜体尺寸较大，总高约 3000mm。柜内主开关为少油断路器，这一类型的高压开关柜直到 20 世纪 90 年代初期还大量生产。由于少油断路器运行中必须进行大量的检修维护工作，而主开关固定于柜内，就须在柜内提供供人员开展检修维护的工作空间，使得柜体尺寸很大。

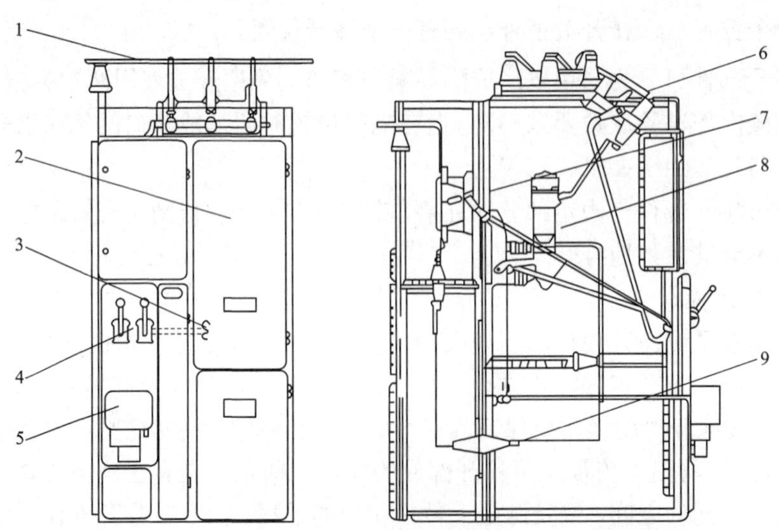

图 2–1　GG1A–10 型固定式高压开关柜结构示意图

1—主母线；2—前门；3—隔离开关的位置与门的联锁部件；4—母线侧和线路侧两隔离开关；5—操动机构；6—主母线侧隔离开关；7—馈线侧隔离开关；8—少油断路器；9—电流互感器

图 2–2 为安装了大参数真空断路器的 i–AT2–12 型大电流固定式开关柜进线方案结构示意图。主要技术参数为额定电压为 12kV，额定电流为 6300A，真空断路器额定开断电流 80kA，柜结构为典型的顶部进线方案，主回路由顶部前上进线至进线侧隔离开关后，通过穿墙套管穿出进线隔室经由真空断路器，再通过穿墙互感器穿出断路器隔室，与母线侧隔离开关相连，而后通过穿墙套管穿出母线侧隔离开关室到主母线。开关柜设计为 LSC2B 运行连续性类别。

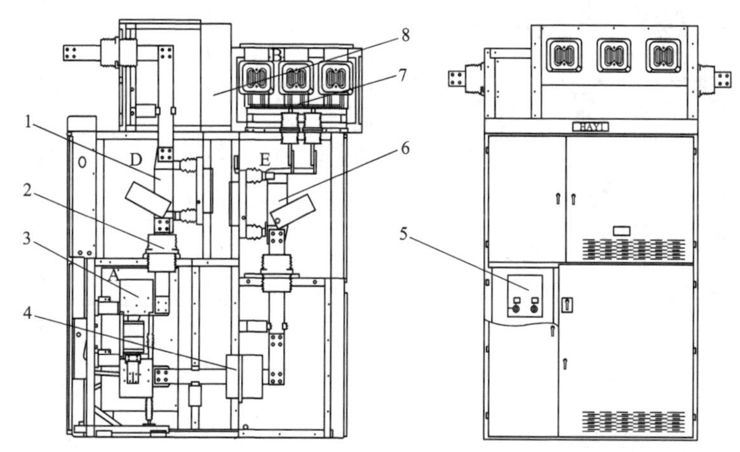

图 2–2　i–AT2–12 型大电流固定式开关柜进线方案结构示意图

A—断路器室；B—主母线室；C— 一次仪表室；D—主进线侧隔离开关室；E—母线侧隔离开关室

1—进线侧隔离开关；2—穿墙套管；3—真空断路器；4—电流互感器；5—操动机构；

6—母线侧隔离开关；7—主母线室；8—散热装置

开关柜顶上中部左右方向上设计有散热通风装置，主要元件室均设有泄压通道。柜体外壳为组装式和焊接式相结合，外壳用冷轧钢板和非导磁材料弯制零件组装而成，内部为角钢焊接骨架，用于安装真空断路器、隔离开关、操动机构等质量较重、操作力较大的部件。3 个高压室顶部均有压力释放通道，可将高压气体释放出柜外。柜体防护等级为 IP3X。隔室之间的隔板采用钢板分隔，隔板的防护等级为 IP2X。图 2–3 为 KGN20–12 型新型固定式真空断路器高压开关柜结构示意图。真空断路器为固封极柱形式，隔离开关为直动式操动机构且为梅花触头结构，壳体采用敷铝锌钢板，经多重折弯后铆接而成，外壳防护等级为 IP4X，柜内为 IP2X。柜内分设仪表室、断路器室、母线室和电缆室，泄压通道置于柜内后方，断路器室在柜内中部，真空断路器及操动机构安装在一个小车上，小车再固定在开关柜上，真空灭弧为横置。

（2）可移开式空气绝缘开关柜。图 2–4 所示为 KYN28–12 型可移开式高压开关柜结构示意图。其主要特点是外壳由表面具有防腐、防锈功能的敷铝锌钢板材料

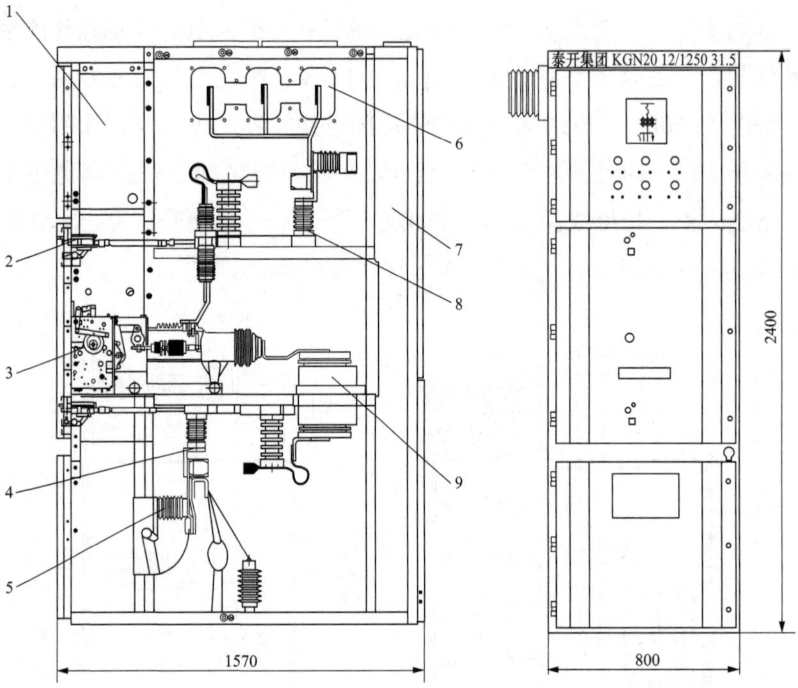

秦开集团 KGN20 12/1250 31.5

(a)

秦开集团 KGN20-12/4000-40

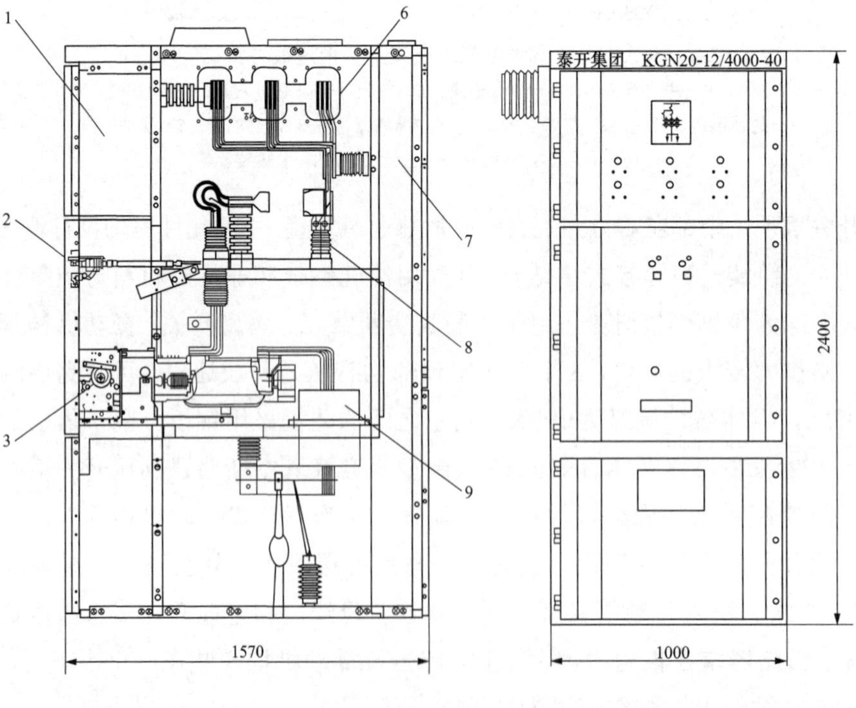

(b)

图 2-3　KGN20-12 型新型固定式真空断路器高压开关柜结构示意图

（a）电流柜体；（b）大电流柜体

1—仪表室；2—联锁机构；3—断路器；4—下隔离；5—接地开关；6—母线室；7—泄压通道；8—上隔离；9—电流互感器

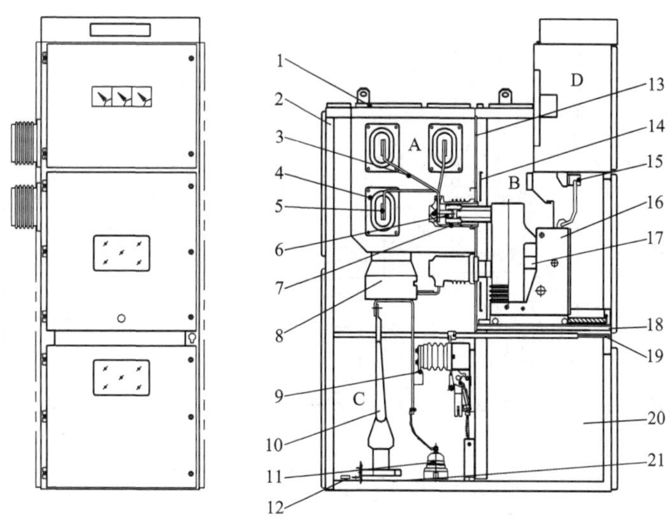

图 2–4　KYN28–12 型可移开式高压开关柜结构示意图

A—母线室；B—断路器室；C—电缆室；D—二次仪表室

1—泄压装置；2—外壳；3—分支小母线；4—母线套管；5—主母线；6—静触头；7—触头盒；8—电流互感器；9—接地开关；10—电缆；11—避雷器；12—接地主母线；13—装卸式隔板；14—隔板（活门）；15—二次插头；16—断路器手车；17—加热装置；18—可抽出式水平隔板；19—接地开关操动机构；20—控制小线槽；21—电缆封板

制作，经多重折弯后铆接而成的组装式柜体，柜体尺寸精确，配合准确。断路器手车装在柜体中部，由中置轨道作为柜车之间配合定位和移动支撑的基准。

该产品由母线室 A、断路器室 B、电缆室 C、二次仪表室 D 构成。其中断路器室内的可移开部件——断路器手车为中置定位安装。运行连续性类别为 LSC2B，隔板等级为 PM。

图 2–5 为 KYN61–40.5 型落地式手车开关柜的结构示意图。由于 40.5V 真空断断器质量大，所以采用落地式手车，柜体由敷铝锌钢板经多重折弯后铆接而成，外壳防护等级为 IP4X，柜内隔室为 IP2X。柜内分为 4 个隔室，即母线室 A、真空断路器手车室 B、仪表室 C、电缆室 D，各室都有自己的泄压通道，顶盖为泄压阀门。

2. 气体绝缘开关柜

图 2–6 为一台 40.5kV 单气室 SF_6 气体绝缘开关柜（C–GIS）结构示意图。其主开关为真空断路器、三工位隔离开关与主母线安装于充 SF_6 气体的密封气室内，该隔室为不可触及隔室，防护等级为 IP6X，运行连续性类型为 LSC2A 类。这个柜型是典型的主母线、三工位隔离开关、断路器等主元件共用一个气室的结构，而目前有许多 C–GIS 是分为两个密封气室，即主母线和三工位隔离开关组装在一个气室单元内，断路器和电缆插座单独安装于另一气室单元内。

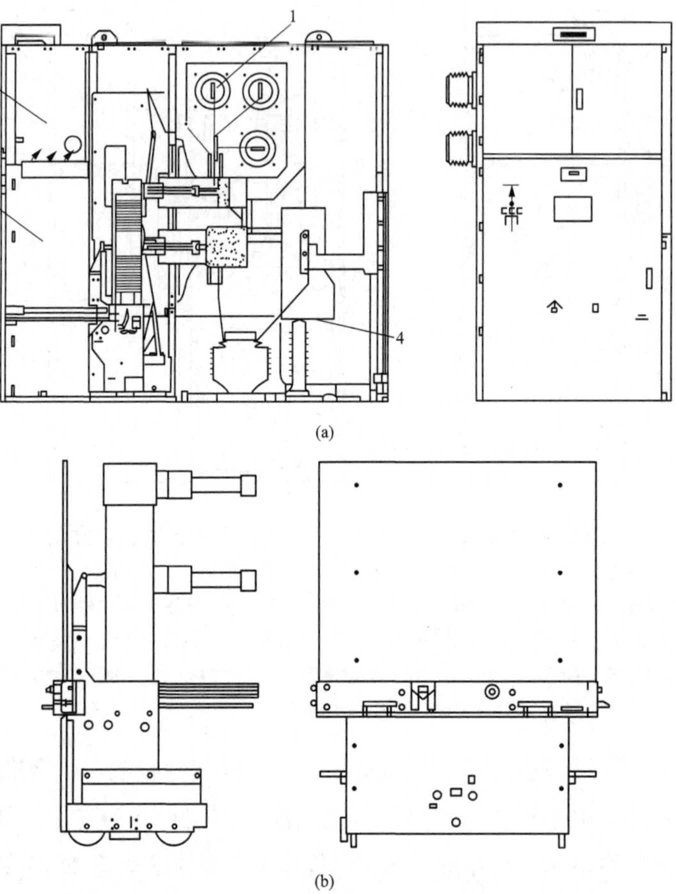

图 2–5　KYN61–40.5 型落地式手车开关柜结构示意图
（a）开关柜；（b）开关柜用断路器手车
1—母线室；2—断路器室；3—继电器仪表室；4—电缆室

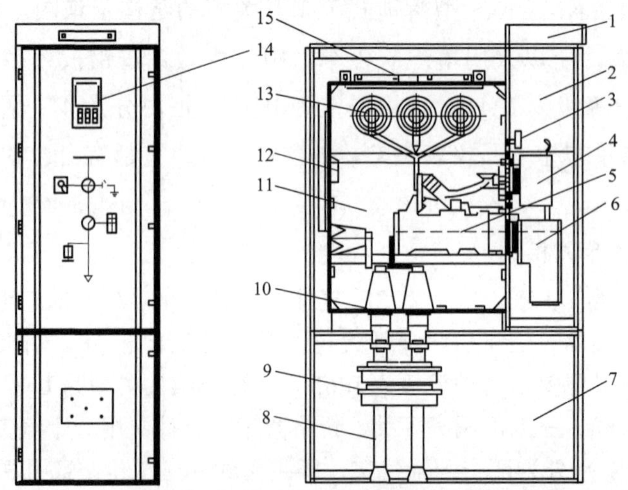

图 2–6　40.5kV 单气室 SF_6 气体绝缘开关柜结构示意图
1—小母线室；2—低压室；3—气体压力表；4—隔离开关操动机构；5—真空灭弧室；6—断路器操动机构；7—电缆隔室；8—电缆；9—电流互感器；10—内锥型电缆插接件；11—焊接密封气室；12—吸附剂；13—母线及连接部件；14—控制保护单元；15—压力释放装置

三工位隔离开关元件是兼具隔离开关和接地开关功能的组合元件，共用一个动导电刀（杆），具有接通、隔离、接地3个状态位置。

C–GIS由继电器室、操动机构室、充气隔室和电缆隔室组成，气室上设有密封室内压力超限释放装置，电缆室也设有内电弧故障下压力释放通道。

一般情况下，C–GIS在断路器下口的出线侧不设置隔离开关和接地开关，当电缆侧需要接地时，应首先令母线侧三工位隔离开关处于接地位置，然后操作断路器合闸而实现电缆侧线路的接地。因此，气体绝缘开关柜的联锁设置更为复杂，应具备以下联锁功能：

（1）防止当断路器处于合闸状态时再次合闸的联锁。

（2）断路器置于分闸位置时，三工位隔离开关才能进行合、分闸操作。

（3）仅当三工位隔离开关分别处于合闸、隔离、接地位置时，断路器才能进行合、分闸操作。

（4）三工位隔离开关处于接地位置时，通过电缆侧高压带电显示装置检测电缆侧回路状态，确认回路无电时，断路器才能进行合闸操作。

三工位隔离开关合闸至接地位置时，不具有关合短路电流的能力，其合闸接地后由处于分闸位置的断路器再合闸使主回路接地。具体操作步骤如下：

1）停电接地操作。先使断路器分闸，然后操作三工位隔离开关分闸至隔离位置，检测电缆侧回路确认无电后，再操作三工位隔离开关至接地位置；然后将断路器合闸，实现线路侧接地。

2）恢复送电操作。操作前断路器处于合闸状态，三工位隔离开关处于接地位置。先将断路分闸，再操作三工位隔离开关至隔离位置后再至合闸位置；三工位隔离开关处于接通位置后对断路器进行合闸操作。

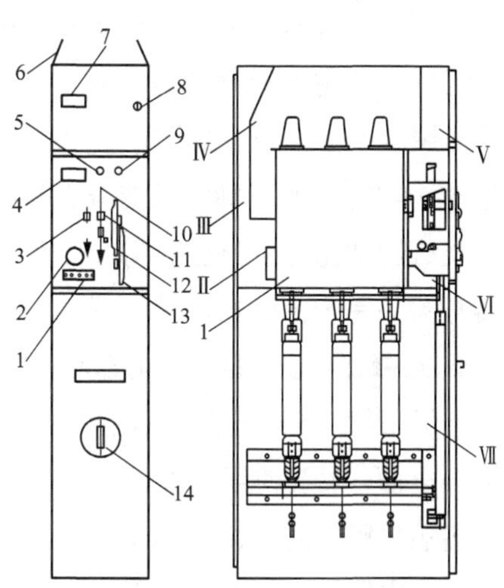

图2–7 可扩展式负荷开关–熔断器组合电器柜结构示意图

1—带电显示装置；2—压力观察窗；3—接地开关分合指示；4—开关设备铭牌；5—合闸按钮；6—吊环；7—厂标；8—GCS门锁；9—分闸按钮；10—模拟母线；11—负荷开关分合指示；12—接地开关操作孔；13—负荷开关操作孔；14—熔断器（组合电器柜选用）
Ⅰ—三工位负荷开关充气隔室；Ⅱ—压力释放装置；Ⅲ—泄压通道；Ⅳ—主母线室；Ⅴ—二次控制室；Ⅵ—机构室；Ⅶ—电缆室

3. 负荷开关柜和负荷开关–熔断器组合电器柜

负荷开关柜和负荷开关–熔断器组合电器柜常用于配电网末端变电站和开闭所等场合，构成（城市）环网供电系统。负荷开关用作环路和变压器负荷的投切，熔断器用作短路保护。

图2–7所示为典型的配装SF_6负荷

开关的可扩展式负荷开关–熔断器组合电器柜结构示意图，除负荷开关气室外，其余导体和主元件的主绝缘采用空气介质。去掉充气隔室下方的熔断器，直接连接电缆，充气隔室下出线直接连接电缆，即为负荷开关进线柜。开关柜内，主母线、负荷开关、电缆分别置于独立的金属隔室内，负荷开关气室的外壳，也作为分隔主母线室和电缆室隔板的一部分。运行连续性类别为 LSC1 类。

上述开关柜中，如不装设高压熔断器 14，用电缆直接连接在序 I 的负荷开关气室出线端，则形成负荷开关柜。一般环网供电模式中，通常通过主母线接入两个这样的负荷开关柜和一个负荷开关–熔断器组合电器柜，即构成一个标准的两进一出的环网供电单元。

图 2–8 所示为一典型的主绝缘完全采用 SF_6 气体且在一个气室内布置有两个负荷开关回路和一个负荷开关–熔断器组合电器回路的组合单元式开关柜结构示意图。在一个气室内，通过母线贯穿将两个负荷开关回路和一个负荷开关–熔断器组合电器回路连接成一个两进一出环网供电单元，该开关柜的运行连续性为 LSC1 类。根据使用要求，这种气室单元还有组合了 4 个或 5 个回路的结构形式。

在两进一出的环网供电单元中，两台负荷开关柜分别用于连向环路电网两侧的两个电源，组合电器柜用以控制和保护向低压用电侧供电的变压器。

另外，真空负荷开关作主开关元件的负荷开关柜与负荷开关–熔断器组合电器柜的应用也十分广泛，由于真空负荷开关无法像 SF_6 负荷开关那样方便地设计为三工位形式结构，所以真空负荷开关柜需要单独设置隔离开关和接地开关。近年来，还发展有固体绝缘环网柜，除出线连接外，将各相主回路、真空负荷开关灭弧室、隔离开关等完全密封在固体绝缘材料外壳内，达到小型化的目的。

4. 接触器–熔断器组合电器柜

接触器–熔断器组合电器柜内装有由高压限流式熔断器与高压真空接触器组成的组合电器，主要使用于高压电动机的控制和保护。高压限流式熔断器用作短路保护，接触器用于对 3.6～12kV 高压电动机等负荷回路的频繁操作。通常接触器–熔断器组合电器柜设计为可移开式开关柜，组合电器安装在手车上，柜内装有电流互感器、连接主母线和电缆的分支母线以及综合保护装置等。接触器–熔断器组合电器开关柜也简称为 F–C 回路开关柜。由于该产品经常用于高压电动机控制，所以又称为电动机启动（控制）柜。

图 2–9 为一柜内安装有两个接触器–熔断器回路的开关柜，因两个回路的柜宽度均较窄，因而将他们设计成共用同一个基础壳体。两回路中均包括主母线室、二次小母线通道、仪表室、组合电器手车室、组合电器手车和电缆室。

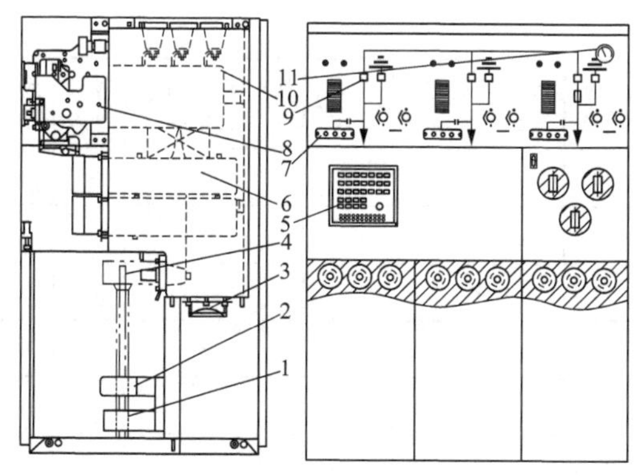

图 2-8　单元式负荷开关与负荷开关-熔断器组合电器柜结构示意图

1—电缆夹；2—电流互感器；3—压力释放装置；4—电缆插头；5—微机监控单元；6—熔断器；7—带电显示装置；8—操动机构；9—开关位置指示；10—三工位开关；11—压力指示

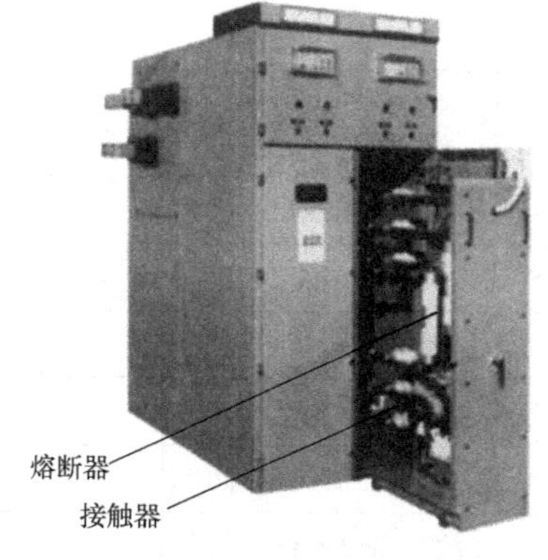

图 2-9　双回路接触器-熔断器组合电器手车柜

通过高压限流熔断器与接触器的相互配合，接触器-熔断器组合电器可以同时满足频繁操作和保护高压电动机回路短路故障的要求，它比使用断路器有可更频繁操作和长寿命的优点，限流熔断器还具有开断时间短的特点，可大大缩短回路承受短路故障冲击的时间，从而可更有利地实施保护，且整柜价格低、占地面积小，技术经济比也明显优于断路器柜。

第三节　高压开关柜的技术参数

表 2-3 列出了高压开关柜及其主要一次开关元件，如断路器、负荷开关、接触器、隔离开关及负荷开关-熔断器组合电器、接触器-熔断器组合电器的基本技术参数。因开关柜配用主开关元件不同，所对应的额定参量也有所不同。高压开关柜的一次回路还包含有电流互感器、电压互感器和避雷器等元件，这些元件中除电流互感器的额定电压、额定绝缘水平、额定电流、额定短时耐受电流和额定峰值耐受电流等应符合表中开关柜的规定外，其他参数参见第三章。

表 2-3　　　　**高压开关柜的基本参数**

序号	额定参数项	开关柜	断路器	负荷开关	负荷开关-熔断器组合电器	接触器	接触器-熔断器组合电器	隔离开关	接地开关
1	额定电压	√	√	√	√	√	√	√	√
2	额定频率	√	√	√	√	√	√	√	√
3	额定绝缘水平	√	√	√	√	√	√	√	√

续表

序号	额定参数项	开关柜	断路器	负荷开关	负荷开关–熔断器组合电器	接触器	接触器–熔断器组合电器	隔离开关	接地开关
4	额定电流和温升	√	√	√	√	√	√	√	√
5	额定短时耐受电流	√	√	√	×	√	×	√	√
6	额定短路持续时间	√	√	√	×	√	×	√	√
7	额定峰值耐受电流	√	√	√	×	√*	×	√	√
8	主回路电阻	√	√	√	√	√	√	√	×
9	防护等级	√	×	×	×	×	×	×	×
10	控制回路和辅助回路的额定电源电压和频率	√	√	○	○	√	√	○	○
11	额定短路开断电流	×	√	×	√	×	√	×	×
12	额定短路关合电流	×	√	√	√	×	√	×	○
13	分闸时间	×	√	○	×	×	×	○	○
14	合闸时间	×	√	×	×	×	×	×	×
15	额定开断电流					√			
16	额定关合电流					√			
17	极限开断电流					√			
18	额定交接电流				√		√		
19	额定转移电流				√				
20	额定有功负荷开断电流			√					
21	额定闭环开断电流			√					
22	机械寿命	○**	√	√	○	√	○	√	√
23	电寿命	×	√	√	×	×	√	×	×
24	额定充入水平（对充气隔室）	√							

注　√ 表示这些数值是必需的；○ 表示这些数值根据适用情况而定；× 表示这些数值不需要。

*　对接触器，用半波允通电流表示。

**　对开关柜内手车、联锁等有机械寿命要求。

一、额定电压

高压开关柜的额定电压范围为 3.6～40.5kV。我国发电厂升压站，电力系统供、配电网络的变电站、开闭所，民用、商业用配电站和大、中型企业供电站，发电厂的厂用电、电力铁道和高铁供电系统等场所都会使用这个电压范围的高压开关柜产品，具体电压等级及其应用场所见表 2–4。

表 2-4 高压开关柜额定电压分级

开关柜类型	额定电压（kV）	主要使用场所
断路器柜	12、24、40.5	发电厂升压及厂用电系统，电力系统发电，冶金、石化、机械等工矿企业、风电场汇流系统
	7.2、12、15、18、24	发电机出口保护，小型电厂微型供电系统
	单相 31.5、两相 2×31.5	电气化铁路和高速铁路牵引
负荷开关柜、负荷开关–熔断器组合电器柜	12、24、40.5	电力系统配电网络
接触器–熔断器组合电器柜	（3.6）7.2、12	发电厂厂用电系统、电力拖动场所等

二、额定频率

我国电网的额定频率为 50Hz，出口到美洲等地域的产品有 60Hz 的要求。

三、额定电流和温升

高压开关柜的额定电流，分主母线额定电流和主回路（分支母线）额定电流。主母线额定电流由系统各段母线最大运行方式确定，主回路额定电流由主回路中最小元件的电流确定。

高压开关柜主母线额定电流：630、1250、1600、2000、2500、3150、4000、5000、6300A。

高压开关柜主回路额定电流：断路器柜为 630、800、1250、1600、2000、2500、3150、4000、5000、6300A 等；接触器–熔断器组合电器开关柜为 125、200A；负荷开关柜为 400、630A；负荷开关–熔断器组合电器柜为 125、200A。

高压开关柜的温升要求为在主回路承载额定电流下，主回路导体及其连接、开关柜壳体等不同部位的温升不超过 GB/T 11022—2011《高压开关设备和控制设备标准的共用技术要求》标准规定的相应条件下的温升值，部分元件如电流互感器等应符合元件各自标准的规定，二次回路及元件的温升应满足相应标准的规定。按照 GB/T 11022—2011 标准规定，高压开关柜内不同导体材料，使用不同的表面镀层，不同的导体连接形式，和周围存在不同的介质条件和不同耐热等级绝缘材料制成的绝缘体等情况下，以周围空气温度为 40℃为基础的允许温升值，温升允许值见表 2-5。而对于高压开关柜的外壳，对可能触及的外壳和盖板的温升不应超过 30K，对可能触及而在正常运行时不需触及或触及不到的外壳和盖板，如果公众也触及不到时，温升可再增加 10K。

表 2–5　　高压开关设备和控制设备各种部件、材料和绝缘介质的温度和温升极限

部件、材料和绝缘介质的类别（见说明 1、2、3 和说明 5）	最大值	
	温度（℃）	周围空气温度不超过 40℃时的温升（K）
1. 触头（见说明 4）		
裸铜或裸铜合金		
—在空气中	75	35
—在 SF_6（六氟化硫）中（见说明 5）	105	65
—在油中	80	40
镀银或镀镍（见说明 6）		
—在空气中	105	65
—在 SF_6 中（见说明 5）	105	65
—在油中	90	50
镀锡（见说明 6）		
—在空气中	90	50
—在 SF_6 中（见说明 5）	90	50
—在油中	90	50
2. 用螺栓的或与其等效的连接（见说明 4）		
裸铜、裸铜合金或裸铝合金		
—在空气中	90	50
—在 SF_6 中（见说明 5）	115	75
—在油中	100	60
镀银或镀镍		
—在空气中	115	75
—在 SF_6 中（见说明 5）	115	75
—在油中	100	60
镀锡		
—在空气中	105	65
—在 SF_6 中（见说明 5）	105	65
—在油中	100	60
3. 其他裸金属制成的或有其他镀层的触头或联结	（见说明 7）	（见说明 7）
4. 用螺钉或螺栓与外部导体连接的端子（见说明 8）		
—裸的	90	50
—镀银、镀镍或镀锡	105	65
—其他镀层	（见说明 7）	（见说明 7）
5. 油开关装置用油（见说明 9、10）	90	50
6. 用作弹簧的金属零件	（见说明 11）	（见说明 11）
7. 绝缘材料及与下列等级的绝缘材料接触的金属部件（见说明 12）		
—Y	90	60
—A	105	65
—E	120	80
—B	130	90
—F	155	115
—瓷漆：油基	100	60
合成	120	80
—H	180	140
—C 其他绝缘材料	（见说明 13）	（见说明 13）

续表

部件、材料和绝缘介质的类别（见说明 1、2、3 和说明 5）	最 大 值	
	温度（℃）	周围空气温度不超过 40℃时的温升（K）
8. 除触头外，与油接触的任何金属或绝缘件	100	60
9. 可触及的部件		
—在正常操作中可触及的	70	30
—在正常操作中不需触及的	80	40

说明 1：按其功能，同一部件可能属于表 2–5 中的几种类别，在这种情况下，允许的最高温度和温升值是相关类别中的最低值。

说明 2：对真空开关装置，温度和温升的极限值不适用于处在真空中的部件，其余部件不应超过表 2–5 给出的温度和温升值。

说明 3：应注意保证周围的绝缘材料不受损坏。

说明 4：当接合的部件具有不同的镀层或一个部件是裸露的材料时，允许的温度和温升应为：

（1）对触头为表 2–5 项 1 中最低允许值的表面材料的值。

（2）对连接为表 2–5 项 2 中最高允许值的表面材料的值。

说明 5：SF_6 是指纯 SF_6 或纯 SF_6 与其他无氧气体的混合物。

注意：由于不存在氧气，把 SF_6 开关设备中各种触头和连接的温度极限加以协调是合适的。在 SF_6 环境下，裸铜或裸铜合金零件的允许温度极限可以和镀银或镀镍的零件相同。对镀锡零件，由于摩擦腐蚀效应，即使在 SF_6 无氧的条件下，提高其允许温度也是不合适的，因此对镀锡零件仍取在空气中的值。

说明 6：按照设备的有关技术条件：

（1）在关合和开断试验后（如果有的话）。

（2）在短时耐受电流试验后。

（3）在机械寿命试验后。

有镀层的触头在接触区应该有连续的镀层，否则触头应被视为是“裸露”的。

说明 7：当使用的材料在表 2–5 中没有列出时，应该研究它们的性能，以便确定其最高允许温升。

说明 8：即使和端子连接的是裸导体，其温度和温升值仍有效。

说明 9：在油的上层的温度和温升。

说明 10：如果使用低闪点的油，应特别注意油的气化和氧化。

说明 11：温度不应达到使材料弹性受损的数值。

说明 12：绝缘材料的分级见 GB/T 11021—2014《电气绝缘 耐热性和表示方法》。

说明 13：仅以不损害周围的零部件为限。

四、额定绝缘水平

7.2～40.5kV 高压开关柜的额定绝缘水平见表 2–6。表中给出的耐受电压值适用于标准参考大气（湿度、温度、压强）条件，对于特殊使用条件，如海拔超过 1000m 等，应对耐受电压值进行修正。

表 2–6　　　　高压开关柜的额定绝缘水平（kV）

电压等级	1min 工频耐受电压（rms）			额定雷电冲击耐受电压		
	相间	相地	隔离断口	相间	相地	隔离断口
3.6	25/18*		27/20	30/20		46/23

续表

<table>
<tr><th rowspan="2">电压等级</th><th colspan="3">1min 工频耐受电压（rms）</th><th colspan="3">额定雷电冲击耐受电压</th></tr>
<tr><th>相间</th><th>相地</th><th>隔离断口</th><th>相间</th><th>相地</th><th>隔离断口</th></tr>
<tr><td>7.2</td><td colspan="2">30/23</td><td>34/27</td><td colspan="2">60/40</td><td>70/46</td></tr>
<tr><td>12</td><td colspan="2">42/30</td><td>48/36</td><td colspan="2">75/60</td><td>85/70</td></tr>
<tr><td>24</td><td colspan="2">65/50</td><td>79/64</td><td colspan="2">125/95</td><td>145/115</td></tr>
<tr><td>31.5**</td><td colspan="2">95</td><td>118</td><td colspan="2">185</td><td>210</td></tr>
<tr><td>2×31.5**</td><td>140</td><td>95</td><td>118</td><td>325</td><td>200</td><td>220</td></tr>
<tr><td>40.5</td><td colspan="2">95/80</td><td>118/103</td><td colspan="2">185/170</td><td>210/200</td></tr>
</table>

* 表中斜线下方的数值为中性点接地系统使用的数值。

** 31.5kV 和 2×31.5kV 为电气化铁道供配电系统使用的数值。

对二次回路的额定绝缘水平要求为 1min 耐受 2kV，传统的 2kV 点试不符合标准规定。

五、主回路电阻

高压开关柜的主回路电阻，是反映开关柜主回路导体及其各导电部件连接状态的重要参数，不同型号的产品和同型号不同电流规格的产品有各自的规定值，此规定值以型式试验时温升试验前所测得的回路电阻值为准。由于一次接线方案的多样性和复杂性，生产厂家给出的高压开关柜主回路电阻规定值，都是在十分清晰地标明了测量起点、终点两个位置和一定测量方法下的要求值，一般来说这个电阻值由这两测量点范围内的导体尺寸、内部电气元件、固定连接接触和滑动连接接触的尺寸和形式、装配质量决定，是由设计和装配工艺确定并经温升试验验证满足温升要求的值。但是，高压开关柜内装用的非穿心式电流互感器，由于变比的选择很多，不同变比的互感器主回路电阻不同，还有在装有电阻值较大的高压熔断器等元件时，一是回路电阻值分散性很大，二是这个回路电阻值会大到淹没了柜内其他部分的回路电阻值，所以对高压开关柜这些元件及其前后的连接的主回路电阻应单独规定，并单独测量。

六、额定短时耐受电流和峰值耐受电流

对主回路中未装有 SCPD（短路保护装置）的高压开关柜，主回路额定短时耐受电流和峰值耐受电流应符合系统额定短路电流的要求。额定短时耐受电流从下列数值中选取：

1、1.25、1.6、2.0、2.5、3.15、4、5、6.3、8 及其与 10^n 的乘积。

对主回路含有 SCPD（短路保护装置）的开关柜，主回路额定短时耐受电流和峰值耐受电流，对 SCPD 的两侧分别给出规定值。

用于配变电系统的高压开关柜，额定峰值耐受电流为额定短时耐受电流的 2.5

倍，用于发电机–变压器主接线单元的开关柜为 2.74 倍。

接地开关的额定短时耐受电流和峰值耐受电流应与主回路一致。

接地回路的峰值耐受电流，在中性点绝缘的三相系统中为主回路额定短时耐受电流的 86.7%。

主回路和接地回路的额定短路持续时间为 3s，对装用负荷开关的开关柜可以选用 2s。

七、额定充入水平

对充有绝缘气体的隔室，需给额定压力、最低工作压力和最高工作压力。

八、防护等级

对外壳和开关柜内隔室间的防护等级应分别规定，外壳的防护等级一般应不低于 IP3X，柜内隔室的防护等级可以适当降低，但是作为外壳一部分的盖板和门关闭后，其防护等级应与外壳相同。

九、控制回路和辅助回路电源的额定电压

DC：24、48、110、220V。

交流三相三线（四线）制系统：220/380、230/400V。

单相三线制系统：110/220V。

单相两线制系统：110、220、230V。

十、额定短路开断电流和额定短路关合电流

装用断路器、接触器–熔断器组合电器、负荷开关–熔断路组合电器 3 种主开关元件的高压开关柜，它们的额定短路开断电流参数见表 2–7。

表 2–7 额定短路开断电流参数 单位：kA

电压等级（kV）	额定短路开断电流参数		
	断路器柜	负荷开关–熔断路组合电器柜	接触器–熔断器组合电器柜
7.2	16、20、25、31.5、40、50、63、80	—	50
12		31.5、40	50
24	25、31.5	31.5	—
40.5	25、31.5、40	31.5	—
单相 31.5 两相 2×31.5	25、31.5	—	—

额定短路关合电流与额定短路开断电流根据系统时间常数有一定的配合关系，使用地点系统的时间常数不大于 45ms 时，额定短路关合电流为额定短路开断电流的 2.5 倍，回路时间常数为 60ms 及以上时为 2.7 倍，用于保护发电机的断路器开关柜则应为 2.74 倍。

负荷开关柜不具有开断短路电流能力，无额定短路开断电流参数，但应具有短路关合电流能力，其额定短路关合电流一般为 16、20、25kA。同样，高压接触器柜也不能用来开断短路电流，并且它也不具备关合短路电流的能力。

开关柜中的接地开关如果具有短路关合能力，其关合电流亦应为额定短路电流的 2.5 倍。

负荷开关–熔断路组合电器柜和接触器–熔断器组合电器柜，由于有高压限流熔断器的作用，而具有关合和开断短路电流的能力，其额定短路开断电流为所配用限流熔断器的最大预期开断电流，相应地它们的额定短路关合电流则为限流熔断器的最大预期关合电流。

十一、额定时间参量和行程特性曲线

高压开关柜内断路器的额定时间参量是指在额定电源电压（或额定操作压力）、额定电源频率下进行操作时的时间参量，有分闸时间、合闸时间、合–分时间和重合闸时间、三相合闸同期性、三相分闸同期性等，真空断路器还有合闸触头弹跳时间和分闸反弹时间要求。所有额定时间参量都由产品技术条件来具体规定，对中压真空断路器而言，额定时间参量一般为，分闸时间 20～40ms，合闸时间 40～60ms，合分时间典型值为 100ms，三相合闸不同期性≤2ms，三相分闸不同期性≤2ms，合闸触头弹跳时间 12kV 产品≤2ms，24、40.5kV 产品≤3ms。

高压开关柜内的断路器的时间参量应由所测得的机械行程特性曲线来确定，并且将来的出厂试验亦应测量断路器的机械行程特性曲线，它应在参考的特性曲线允许误差范围内。

高压接触器的额定时间参量，包括分闸时间、合闸时间、三相分闸同期性，以及真空接触器合闸触头弹跳时间，某一典型 12kV 真空接触器产品的这几项时间参量分别为小于 40、15、2、4ms。

根据不同的使用要求，负荷开关有很多合、分闸操作方式，如有手动储能快速分合闸的操作方式，也有接到操作指令后对弹簧进行电动储能的快速分合闸的操作方式，还有预储能后通过分励脱扣器进行分合闸的操作方式。不管是哪种操作方式，负荷开关的额定时间参量均应包括有合闸时间、分闸时间和三相合闸同期性、三相分闸同期性。真空负荷开关应规定合、分闸触头弹跳时间，负荷开关–熔断器组合

电器应规定由熔断器撞击触发的最小分闸时间。

十二、接触器的额定开断电流和额定关合电流

接触器应规定额定开断电流和额定关合电流以表示其开断和关合能力，对7.2kV或12kV接触器，大多数接触器的额定开断电流和额定关合电流为3～6kA。

十三、负荷开关的其他额定参量

负荷开关应具有额定有功负荷开断电流和额定闭环开断电流参量，即表示负荷开关开断负荷电流能力的一个参数，其值等于负荷开关的额定电流。

十四、组合电器额定交接电流和额定转移电流

接触器–熔断器组合电器和负荷开关–熔断器组合电器应给出额定交接电流和额定转移电流参量。

对接触器–熔断器组合电器和负荷开关–熔断器组合电器，需规定接触器（负荷开关）能够开断的交接电流值。交接电流是熔断器的时间–电流特性和由脱扣器触发的接触器或负荷开关的时间–电流特性两条曲线的交点。通常，7.2kV接触器的交接电流可达3kA以上。

对负荷开关–熔断器组合电器，需规定负荷开关能够开断的转移电流。转移电流是在熔断器和负荷开关转换开断职能时的三相对称电流值，即大于该值，三相电流由熔断器开断，稍小于该值，首开相电流由熔断器开断，后两相电流由负荷开关或熔断器开断。大多数12kV负荷开关转移电流开断的能力为1250～2500A。

十五、机械寿命

高压开关柜及配用的主开关元件机械寿命见表2–8。

表2–8　　高压开关柜及配用的主开关元件机械寿命次数

产品规格		机械寿命（次）
高压开关柜	可移开部件	1000
	联锁结构	50
真空断路器	12kV，2000A及以下	20 000
	12kV，2500～5000A	10 000
	12kV，15kV，6300A及以上	6000
	24kV，40.5kV	10 000

续表

产品规格		机械寿命（次）
负荷开关	SF_6 负荷开关	5000
	真空负荷开关	10 000
接触器	电保持型	1 000 000
	机械保持	300 000
隔离开关		3000

十六、电寿命

高压开关柜配用的主开关元件电寿命见表 2–9。

表 2–9　　高压开关柜配用的主开关元件的电寿命

产品规格		电寿命（次）
真空断路器	12kV，31.5A 及以下	30（满容量开断次数）
	12kV，40kA、50kA	20（满容量开断次数）
	50kA 及以上发电机出口保护	8
	24kV、40.5kV，31.5kA	20（满容量开断次数）
负荷开关	有功负荷电流开合	100
	短路关合电流	5
接触器	AC–3 使用类别	100 000
	AC–4 使用类别	10 000
接地开关	短路关合电流	2

高压开关柜的运行技术

第一节　高压开关柜的使用条件

高压开关柜的使用条件是指其安装地点的环境条件，分为户内环境条件和户外环境条件，户内环境条件可通过人为因素对某些条件进行改善，如温度、湿度和污秽等，而户外环境条件是采用人为因素无法控制的，因为它是大自然实际存在的自然现象。地球上不同地域的环境条件和气候条件多种多样、千差万别，任何一种高压开关柜都不可能适用于所有的环境条件。因此需要制定一个可以涵盖大多数地域的环境条件和气候条件的使用条件，用它作为各生产厂家进行产品设计和试验的依据，这个大家公认的使用条件就是标准中的“正常使用条件”。如果使用条件超出了“正常使用条件”的范围，应该列为“特殊使用条件”，用户应该按照标准中“特殊使用条件”的规定提出相应要求，生产厂家应该根据用户的要求，按照“特殊使用条件”的规定进行产品设计和试验。

除非提出特殊要求，高压开关柜一般是按正常使用条件进行设计、试验和制造的，它应在其规定的额定特性和下述列出的正常使用条件下使用。如果使用条件和正常使用条件不同，生产厂家应尽可能按用户提出的特殊要求设计产品。

一、正常使用条件

1. 户内高压开关柜

（1）周围空气温度最高不超过 40℃，且在 24h 内测得的平均温度不超过 35℃，周围空气最低温度为–5、–15、–25℃。

（2）阳光辐射的影响可以忽略。

（3）海拔高度不超过 1000m。

（4）周围空气没有明显地受到尘埃、烟、耐蚀性和/或可燃性气体、蒸汽或盐雾的污染，外绝缘的爬电比距应不小 18mm/kV（瓷绝缘子）、20mm/kV（有机绝缘子）。

（5）湿度条件如下：

1）在 24h 内测得的相对湿度的平均值不超过 95%。

2）在 24h 内测得的水蒸气压力的平均值不超过 2.2kPa。

3）月相对湿度平均值不超过 90%。

4）月水蒸气压力平均值不超过 1.8kPa。

在这样的湿度条件下有时会出现凝露。

（6）来自高压开关柜外部的振动或地动可以忽略，如果用户没有提出特殊要求，生产厂家可以不考虑。

2. 户外高压开关柜

（1）周围空气温度最高不超过 40℃，且 24h 内测得的平均温度不超过 35℃，周围空气最低温度为–10、–25、–30、–40℃。

应考虑温度的急骤变化。

（2）应考虑阳光辐射的影响，晴天中午辐射强度为 1000W/m^2。

（3）海拔高度不超过 1000m。

（4）周围空气可能受到尘埃、烟、耐蚀性气体、蒸汽或盐雾的污染，污秽等级不超过III级。

（5）覆冰厚度为 1mm、10mm、20mm。

（6）风速不超过 34m/s（相应于圆柱表面上的 700Pa）。

（7）应考虑凝露和降水的影响。

（8）来自高压开关柜外部的振动或地动可以忽略，如果用户没有提出特殊要求，生产厂家可以不考虑。

二、特殊使用条件

高压开关柜也可以在不同于上述规定的正常使用条件下使用，此时用户应该按照下述要求提出特殊使用条件要求。

1. 海拔

对于安装在海拔高于 1000m 处的高压开关柜，外绝缘在使用地点的绝缘耐受水平应为额定绝缘水平乘以按照图 3–1 确定的海拔修正系数 K_a。

2. 污秽

对于使用在严重污秽空气中的高压开关柜，污秽等级应规定为Ⅳ级。

3. 温度和湿度

对于使用在周围空气温度超出正常使用条件中规定的温度范围时，应优先选用的最低和最高温度的范围规定如下：

对严寒气候为-50～+40℃；对酷热气候为-5～+55℃。

在暖湿风频繁出现的某些地区，温度的骤变会导致凝露，甚至在户内也会凝露。

在湿热带的户内，在24h内测得的相对湿度的平均值可能达到98%。

4. 振动、撞击或摇摆

标准的高压开关柜均设计为安装在牢固底座上，可以免受过度的振动、撞击或摇摆。如果运行地点存在这些异常条件，用户应提出特殊的使用要求。

如果运行地点是处于可能出现地震的地带，用户应根据GB/T 13540—2009《高压开关设备和控制设备的抗震要求》的规定提出设备的抗震水平。

5. 风速

在某些地区风速可能为40m/s。

6. 覆冰

超过20mm的覆冰由用户和生产厂家协商。

7. 其他条件

高压开关柜在其他特殊使用条件下使用时，用户应参照GB/T 4796—2008《电子产品环境条件分类　第1部分：环境参数及其严酷程度》的规定提出其环境参数。

三、确定使用条件的原则

使用条件是高压开关柜设计、试验和选用的基础。产品设计首先应该考虑它能够适用于什么样的气候条件和大气条件，其次要分析这些环境条件会给产品的技术性能带来什么影响，应该采取什么技术措施来适应环境条件的影响，最后要经过试验来验证其效果。用户在选用高压开关柜时，首先应该确定安装地点的使用条件，是户内还是户外，是否有超出正常使用条件的特殊使用条件，以及安装地点的环境条件可能对产品的技术性能造成什么影响。然后确定选择什么样的产品能够满足安装地点的环境条件。高压开关柜的设计应具有广泛的环境适应性，尽可能满足各种不同的使用条件，必要时采取特别的技术措施，满足某些特殊使用条件的要求。为了保证高压开关柜的运行可靠性，使用部门也应尽可能为产品的运行提供良好的环境条件，在条件允许的情况下，采取一些辅助措施改善环境条件，如改户外为户内、加设遮阳顶盖、强迫通风、降低负荷电流、加装空调器和除湿器降低户内的环境温度、湿度和污秽等。

总之，高压开关柜的设计和选用应该适应使用条件的要求，并在产品技术条件规定的环境条件下使用。当规定的产品使用条件不符合使用地点的环境条件时，应采取相应措施，包括改善使用环境条件、降低使用参数或选择适应特殊环境条件的产品等。高压开关柜的使用环境条件主要涉及以下因素：① 安装于户内还是户外；② 环境温度；③ 相对湿度；④ 海拔高度；⑤ 腐蚀、污秽；⑥ 电磁干扰；⑦ 振动和地震。

1. 周围空气温度的确定

户内或户外高压开关柜的周围空气温度是指运行设备周围的空气温度平均值，它不同于气象部门在百叶箱内测得的环境温度。对于在户外运行的高压开关柜，周围空气温度将会对设备的技术性能带来不可忽视的影响，不同的地域、不同的季节、不同的气候条件和环境，会使户外运行的开关柜周围空气温度发生不同的变化，对柜内设备也会产生不同的影响。盛夏，正午骄阳似火，太阳的直射、水泥地面热量的反射都将会大大提高运行现场的空气温度，它可能要比气象部门预报的最高温度高出 10、20℃甚至更高，此时高压开关柜内的通流元件非常容易过热；严冬，寒流袭来，气温骤降，也许是风雪交加，运行现场的空气温度又要比气象部门预报的最低温度还要低，低温将对开关柜内主开关元件的多种技术性能造成影响。对于户内运行的高压开关柜其最高和最低环境温度要比户外好许多，但是如果不采取任何保温或降温措施，室内的空气温度也可能会达到很低或很高的温度，对设备的安全运行造成威胁。因此，不管是户内还是户外，高低温都会对开关柜的载流性能、机械动作特性、绝缘和开断性能、密封性能带来不利的影响，处理不当，就会使开关柜的运行可靠性受到严重影响。运行单位应根据高压开关柜安装地域的气象资料，结合运行地点的实际环境条件，并以一定年限内所遇到的最高或最低温度为参考，比如取十年一遇的环境温度为参考值，确定最高空气温度和最低空气温度。产品的设计应充分认识到最高和最低温度可能会对技术性能的影响，并采取相应的技术措施适应高、低温的运行工况，关键是要进行相应的高、低试验和严重冰冻条件下的试验，验证其技术性能是否能满足高、低温的要求。

2. 海拔高度

高压开关柜的额定绝缘水平是指海拔高度不超过 1000m 时的绝缘水平。随着海拔高度的升高，大气的气压、气温和绝对湿度均会降低，高原气候的日温差变化大、太阳的辐射更为强烈。气压和湿度的下降会使外绝缘的空气间隙的放电电压降低，电晕放电起始电压降低，无线电干扰电压增加。随着海拔高度的增加，对外绝缘的空气间隙应进行修正，使产品在高海拔环境下能符合耐受额定绝缘水平的要求。图 3–1

给出了绝缘耐受水平海拔修正系数。在海拔1000m及以下进行高海拔产品绝缘试验时，其绝缘耐受水平应为额定绝缘水平乘以修正系数 K_a。应该指出，其一，内绝缘的绝缘特性不受海拔高度的影响，如充气柜，不需修正；其二，外绝缘只需修正空气间隙的放电距离，即只对干弧距离和相间距离进行修正，爬电距离一般不需修正，因为爬电距离由污秽等级和额定电压决定，由于干弧距离的增大而导致的爬电距离的增长就可以覆盖爬电距离所受的影响了。

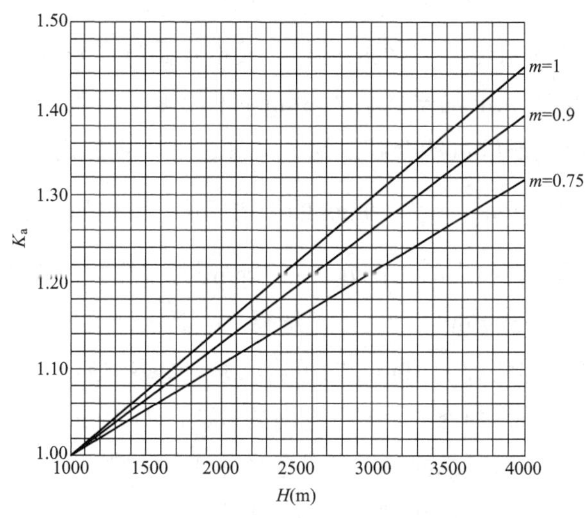

图 3–1 绝缘耐受水平海拔修正系数

我国海拔高度在 1000m 及以上的地区约占总面积的 60%，而且主要集中在具有丰富的水力资源和煤炭资源的西南和西北地区，大容量水力和火力发电站及其变电站和输电线路，大多建设在海拔高度为 2000m 以上的地区，最高可达 4000m，青藏交直流联网的换流站、疆电外送和西电东送的输变电工程很大一部分是建在高海拔地区。海拔高度的升高，除了会对外绝缘的空气介电强度有影响之外（海拔每升高约 100m，绝缘强度需要提高 1%），还会对高压开关柜的载流、密封等技术性能和充压外壳的机械强度等产生影响，所以应该引起使用和制造部门的充分重视。随着我国西北、西南水力、煤炭资源的大力开发，制造部门应该进一步深入研究高海拔对高压开关设备和其他电器设备的影响，尤其是对外绝缘耐电强度的影响，从而保证高海拔产品的运行安全。

绝缘耐受水平海拔修正系数可按 GB/T 311.2—2013（IEC 60071–2：1996）《绝缘配合　第 2 部分：使用导则》中 4.2.2 的规定用下式计算，对海拔高度为 1000m 及以下的不需要修正：

$$K_a = e^{m(H-1000)/8150}$$

式中 K_a——绝缘耐受水平海拔修正系数。

H——海拔高度，m。

m——为简单起见，m 取下述的确定值：对于工频、雷电冲击和相间操作冲击电压，$m=1$；对于纵绝缘操作冲击电压，$m=0.9$；对于相对地操作冲击电压，$m=0.75$。

3. 风速

对于户外使用的高压开关柜应该考虑风的作用，风吹在户外高压开关柜上会产生风压并形成机械力。风压的大小取决于风的速度、设备迎风面的几何尺寸、形状和开关柜的安装高度。标准中规定的风速在正常使用条件下为34m/s，相应于圆柱表面上的700Pa，大约相当于11级的强风。根据我国气象资料统计，如果按10m高、30年一遇、取10min的平均值为34m/s时，可以覆盖我国绝大部分地区，只有少数沿海多台风地区可能会超过这一风速。按经验公式，单位面积的风压为$P=\frac{v^2}{16}$，P的单位为kg/m^2，v为10min的平均风速，单位为m/s。按上式计算，风速为34m/s时，单位面积上的风压为$72.25kg/m^2$。按经验公式计算，风速每提高1m/s，风压将递增4～$5kg/m^2$。运行部门选择户外高压开关柜运行地点的风速时，既要考虑当地气象资料统计的10min的平均风速，也要考虑运行地点的震风和季风的情况，如果阵风超过34m/s，应该取更高的风速，如40m/s。当然，如果开关柜只安装在地平面上，其所考虑的风速可以适当降低。生产厂家进行产品设计时，也应充分考虑风压给设备带来的机械作用力的影响。

4. 湿度

环境湿度主要影响户内高压开关柜的绝缘性能及其对金属部件的腐蚀、锈蚀和对有机绝缘部件的霉变。关注湿度的影响，关键是它可能产生凝露，即由于温度的变化，使空气中的水分析出。标准中规定的相对湿度为在24h内测得的平均值不超过95%，也就是说有可能在某一段时间内相对湿度达到100%，空气的相对湿度越高，其水分含量就越大，也就越容易析出水分，并在绝缘部件的表面和金属部件上形成凝露。在高湿度条件下，只要空气温度稍有变化，或者空气遇到温度较低的物体就会出现凝露，不管是潮湿的南方还是较为干燥的北方都必须充分考虑凝露对运行中高压开关柜的影响，尤其是污秽和凝露混合作用为设备带来的绝缘性能下降及其霉变和腐蚀的影响。运行单位可以考虑采用两种办法解决由此带来的不安全因素，其一，采用按高湿度和凝露条件设计和进行过试验的高压开关柜绝缘部件，使其自身能够耐受高湿度和凝露所产生的绝缘击穿或金属腐蚀的效应；其二，如不采用按上述要求的条件设计和试验的高压开关柜，也可用特殊设计的建筑物或高压室，采用适当的通风和加热，或装用空调机、去湿装置等，防止凝露。这要经过技术经济比较之后再确定采取哪种措施。生产厂家的产品设计应该按照可以耐受湿度和凝露所产生的效应进行设计和相应的试验考核，指望用户采取特殊的措施是不切实际的。

为了防止高压开关柜内产生凝露，可以采取简单的小功率电阻加热器并设置上、下通风口的措施，使柜内外空气能够流通，使柜内的空气尽量保持较为干燥的状态。因此，从加热驱潮的角度出发，并不需要高压开关柜的外壳防护等级太高，一般IP4X即可。

5. 污秽和爬电距离

高压开关柜内的电器设备污秽和爬电比距应与用于户内的高压开关设备一样，对用于户内的高压开关设备在IEC和GB标准中对污秽没有明确的规定，只是写明"周围空气没有明显地受到尘埃、烟、耐蚀性和/或可燃性气体、蒸汽或盐雾的污染。如果用户没有特殊要求，生产厂家可以认为不存在这些情况。"如此处理高压开关柜内绝缘爬电距离的选择是不妥当的。根据我国高压开关柜多年的运行经验，运行在户内的高压开关柜，同样存在不同程度的污秽问题，并造成大量闪络放电事故。例如，运行在发电厂零米厂房内的开关柜，会受到煤尘和水蒸气的污染；运行在化工厂、水泥厂、冶金企业内的户内开关柜，会受到耐蚀性气体和导电尘埃的污染；运行在沿海地区的开关柜，会受到盐雾的污染。这些污染都会使绝缘子的表面抗电强度降低，在潮湿或凝露的条件下导致沿面放电事故。即便是城市内的所谓没有明显污染的地区，也同样存在不同程度的污秽。因此，高压开关柜内的外绝缘，包括绝缘子和绝缘拉杆，应该具有一定的爬电距离，以防止污秽所造成的闪络放电事故。为此，在电力行业标准DL/T 593—2006《高压开关设备和控制设备标准的共用技术要求》中，明确规定了户内高压开关设备外绝缘的爬电比距不得小于18mm/kV（瓷质）和20mm/kV（有机）。

6. 地震

地震是一种自然灾害，强烈的地震能在很短的时间内造成极大的破坏。历次强震中，电气设备，尤其是支持瓷绝缘子式的高压开关设备都遭到严重破坏，瓷绝缘子断裂，断路器损坏，电源中断，大面积停电，为抗灾救援工作带来极大困难，并引发次生灾害。因此，运行在地震多发区的高压开关柜必须选用具有一定抗震性能的产品，以确保万一地震发生时，高压开关柜仍能安全运行。在可能发生地震的地区，运行单位应选择与设备安装地点发生地震时出现的最大地面运动加速度相一致的抗震性能的产品，或者具有相应设防烈度的产品。

7. 日照和日温差

日照就是太阳的直接照射，夏季中午是太阳照射最强烈的时间。太阳的直接照射会使在户外运行的高压开关柜内的温度升高，太阳照射在水泥地面后的热量反射会进一步提升开关柜内的运行温度。太阳的照射还会加快设备外表面涂层的老化。根据现场实测和统计，目前标准中规定，夏日晴天中午，太阳辐射的平均最大强度为 1000W/m^2。因此，用于户外的高压开关柜，应考虑日照对设备造成的影响。运行单位在夏季迎峰度夏期间，应根据设备的实际运行地点和运行工况，适当控制负荷电流，防止设备过热。必要时，可采取适当措施，如加盖遮阳顶盖、强迫通风或降低负荷电流。生产厂家设计产品时，应充分考虑太阳辐射对产品通流能力的影响，并应综合考虑留有充分的裕度。建议产品进行温升试验时，试验电流取 1.1 倍及以上的额定电流。为了防止太阳辐射可采取遮盖措施，避免太阳的直射。设备外表涂层的质量和颜色也应考虑太阳辐射造成的影响。

目前高压开关设备的标准中并没有对日温差的要求，但是不管是使用单位还是生产厂家，对于高压开关柜必须要考虑日温差可能带来的影响，尤其是使用在日温差较大、相对湿度较高的地区的产品，或者在相对湿度较高的季节时，应特别注意由于日温差而发生的凝露，可能会对一次和二次设备的绝缘强度带来的影响。为此，对高压开关柜生产厂家和运行单位应尽量采取防凝露和驱潮措施，避免由于日温差可能造成的安全隐患。

高压开关柜一般是按正常使用条件进行设计的，只要产品的使用地点不超过正常使用条件，均可以满足运行要求。当产品的使用条件超出标准中规定的正常使用条件时，使用单位在产品订货时，应根据安装地点的实际条件，按照标准中规定的特殊使用条件，逐项提出具体要求。应该强调，二次低压辅助设备和控制设备中一些元件，如电子元件、低压电器、继电器、智能化组件、传感器、电池、带电监测装置等，其要求的使用条件可能与高压开关柜不同，使用单位和生产厂家应根据具体情况采取适当措施保证这些二次元件的正常工作。

第二节　高压开关柜的操作

高压开关柜作为电力系统中的配电设备，主要是用来接受和分配用电负荷，其操作将根据所装用的主开关元件的不同而不同。装用断路器的开关柜，其作用是负责电路的正常投入或退出，同时还要负责电路故障的切除；装用负荷开关的开关柜，其作用是负责电路的正常投入或退出，它不具备电路故障的保护功能，如果需要，则装用熔断器专职对短路故障进行保护，与负荷开关组成组合电器；装用接触器的开关柜，其作用是负责开断、关合交流高压电动机和变压器的负荷回路，如果需要对短路故障进行保护，应装设短路保护装置与接触器组成组合电器。

高压开关柜的操作分为两种，一种是正常运行电路的正常投切，另一种是对运行电路发生短路故障进行投切。我们分别称之为正常操作和故障操作。主开关为断

路器的开关柜，其操作有正常操作和故障操作；主开关为负荷开关的开关柜，其操作只有正常的分、合闸操作，但是它可以关合短路故障；由负荷开关和熔断器组成的组合电器开关柜，其操作有正常操作和故障操作；由接触器或基于接触器的电动机启动器组成的开关柜，其操作只有正常的分、合闸操作；由接触器或启动器与短路保护装置组成的组合电器开关柜，其操作有正常操作和故障操作。

高压开关柜的正常操作不同于单独断路器、负荷开关和接触器等元件的操作，因为它们是成套的配电设备，除主开关元件外，还有许多其他元件，所以由不同主开关元件所组成的高压开关柜将有不同的操作内容和规定的操作程序，故应防止发生误操作。

为了保证运行维护人员和运行设备的安全，高压开关柜应能有效防止发生误操作。高压开关柜中不同元件之间应装设联锁装置，并应优先采用机械联锁，机械联锁装置的部件应有足够的机械强度并能保证规定的操作程序和操作人员的安全，具体要求如下：

1. 对装有隔离开关的固定式高压开关柜

联锁装置应能确保只有断路器、负荷开关和接触器处于分闸位置时，隔离开关才能进行操作；只有隔离开关处于分闸位置时，其接地开关才能合闸，隔室门才能打开；反之，只有隔室的门关闭后，处于合闸位置的接地开关才能分闸。接地开关与相关的隔离开关之间应装设联锁装置。

高压开关柜应装设可防止就地误分或误合断路器、负荷开关和接触器的防误装置，可以是提示性的。

2. 对装有可移开部件的手车式高压开关柜

联锁装置应能确保只有断路器、负荷开关和接触器处于分闸位置时，手车才能拉出或推入；手车只有处于试验位置时，接地开关才能合闸，相应隔室的门才能打开；手车在工作位置、隔离位置、试验位置、接地位置时，断路器、负荷开关和接触器应能操作；处于合闸位置的接地开关只有相应隔室的门关闭时才能分闸，手车才能推入；断路器、负荷开关和接触器只有在与自动分闸相关的辅助回路已接通时才能在工作位置进行合闸操作，因此当主开关在工作位置时辅助回路应不能断开，相应隔室的门也不能打开。手车式开关柜应装设可防止就地误分或误合主开关的防误装置，可以是指示性的。

高压开关柜在不能实现机械联锁的情况下，应采用电气联锁或其他非机械联锁，其设计应保证在失去辅助电源时联锁不会失灵。

为了便于紧急就地操作，生产厂家应给出在联锁失灵的情况下紧急解锁的方法和操作程序。

一、高压断路器柜的正常操作和故障操作

1. 正常操作

高压断路器柜的正常操作就是对负荷回路的正常投切，其投切的负荷电流随负荷的性质不同而不同，主要有下列几种电流：① 负荷电流；② 空载变压器励磁电流；③ 空载电缆线路充电电流；④ 空载架空线路充电电流；⑤ 单个电容器组电流；⑥ 多组电容器组背对背电容器组电流；⑦ 高压电动机电流；⑧ 并联电抗器电流。

断路器开关柜的正常操作分为两种，一种是分、合负荷回路的操作，此种操作只是对于运行中主开关元件断路器进行单分和单合的停送电操作；另一种则是将主开关元件断路器退出运行的操作或者是投入运行的操作，此种操作要按照规定的操作程序和操作内容进行，对于固定式开关柜和手车式开关柜的操作程序有不同的要求。

对断路器进行单分和单合的正常操作应在控制室进行远方操作，没有特殊情况应禁止进行现场就地操作。如果需要在现场进行操作应采用电动操作，尽量避免手动操作，尤其是对电磁操动机构应严禁就地手动合闸操作。

（1）固定式开关柜正常停送电操作程序。固定式开关柜的正常停送电操作程序由断路器与上、下隔离开关，隔离开关之间及隔离开关与接地开关之间，断路器与断路器室门、接地开关与电缆室门或盖板等一系列机械联锁和电气联锁所决定。停电操作程序应为：使运行中的断路器分闸，分线路侧隔离开关、分母线侧隔离开关、合线路侧接地开关、合断路器母线侧接地开关，打开断路器室和电缆室的门进行维修。维修工作完成后，需恢复送电时，应按与停电操作的相反程序操作：先关闭断路器室和电缆室的门，再将母线侧和线路侧的接地开关分闸，然后合母线侧隔离开关，以及合线路侧隔离开关，最后将断路器合闸对线路恢复送电。

（2）手车式开关柜正常停送电操作程序。手车式开关柜正常停送电操作程序，由断路器与手车、手车与接地开关、接地开关与柜门之间的一系列机械和电气联锁所决定。停电操作程序为：将运行中的断路器分闸，将手车移至检修或试验位置，打开手车室门、将二次回路插头拔出，合上接地开关，开启电缆室柜门，将手车退出开关柜。维修工作完成后，需恢复送电时应按与停电操作的相反程序操作：关闭电缆室柜门，将接地开关分闸，将手车推入开关柜内试验位置，插上二次插头座（如果有），并将处于分闸位置的断路器推至工作位置，将二次回路的插头插座锁定，关好手车室门，将断路器合闸对线路恢复送电。

无论是固定式还是手车式开关柜在进行停送电的前、后和操作过程中，均应观察柜门上的仪表和指示灯是否正常，带电显示装置指示是否正确，如发现异常

应立即停止操作。

2. 故障操作

高压断路器柜中的断路器除了对电路的停送电进行正常的单分和单合操作外，它还担负着对电路短路故障进行保护的职责，当电路发生短路故障后，由继电保护装置启动相应的故障保护装置，按照预先整定好的操作顺序，对故障电路进行分闸、重合闸及合闸操作，以保障电力系统的安全运行。3.6～40.5kV 高压断路器柜主要是针对下列几种故障电流的操作：① 短路故障电流；② 异相接地故障电流；③ 失步故障电流；④ 近区故障电流（24kV 及以上、直接和架空线连接的）；⑤ 发展性故障电流；⑥ 二次侧故障电流。

高压断路器柜中装用的断路器应按断路器标准的要求，装在所配用的开关柜中进行各种短路故障的开断和关合试验，其故障操作的顺序应为标准中规定的额定操作顺序 0–0.3s–CO–180s–CO，继电保护整定的时间间隔不得小于 0.3s 和 180s。

对于装有过电流保护和欠电压保护的断路器柜，当电流和电压达到保护整定值时，应由保护装置发出指令使断路器跳闸。

二、负荷开关柜和负荷开关–熔断器组合电器柜的正常操作和故障操作

1. 正常操作

负荷开关柜和负荷开关–熔断器组合电器柜的正常操作是指负荷开关在回路正常条件（也包括规定的过载条件）下关合和开断回路电流的操作，其投切的回路负荷电流随负荷的性质不同而不同，主要有下述几种电流：① 有功负荷电流；② 闭环电流；③ 空载变压器的励磁电流；④ 电缆线路和架空线路的充电电流；⑤ 单个电容器组电流；⑥ 背对背电容器组开断电流和关合电流；⑦ 高压电动机电流；⑧ 并联电抗器电流。

负荷开关可能是通用负荷开关，也可能是专用负荷开关或特殊用途的负荷开关，开合电容器组、开合电动机或并联电力变压器可能需要专用或特殊用途的负荷开关。

负荷开关柜或负荷开关–熔断器组合电器柜的正常操作就是负荷开关进行单分和单合的停送电操作。装用三工位负荷开关时，其操作程序由负荷开关自身决定，其送电时的操作程序为：先将负荷开关由停电状态下的接地位置操作至隔离位置，此时开关柜上的接地指示应在断开位置；然后将负荷开关合闸，开关柜上的三相带电指示灯亮，送电完成。如果开关装用的不是三工位负荷开关，其操作由负荷开关和隔离开关，隔离开关和接地开关之间的联锁决定，其送电时的操作程序应为：先将接地开关分闸，接地指示应为断开位置；然后抽出隔离断口绝缘隔板将隔离开关合闸；最后将负荷开关合闸，开关柜上三相带电指示灯亮，送电完成。

停电操作按相反程序进行，如果是为变压器送电的组合电器柜，应先将低压侧负荷切断。如果是三工位负荷开关将其分闸至隔离位置，确认受电侧无电后将负荷开关操作至接地位置，接地指示显示在接地状态，停电操作完成。如果不是三工位负荷开关应先将负荷开关分闸，再将隔离开关分闸并将绝缘隔板插入隔离断口，确认受电侧无电后将接地开关合闸，接地指示显示在接地状态，停电操作完成。

2. 故障操作

（1）负荷开关柜或负荷开关–熔断器组合电器柜中的负荷开关没有开断短路故障电流的能力，当负荷电路发生二相短路或三相短路故障时，负荷开关柜将依靠上一级断路器的动作开断短路电流，而组合电器柜则依靠熔断器开断短路电流。

（2）负荷开关应该具有关合短路电流的能力，所以在运行中如果负荷开关进行合闸操作时，负荷回路处于短路故障状态，它应能顺利完成合闸操作。允许关合短路故障的电流值最大为额定峰值耐受电流，允许关合此电流的次数由负荷开关的电寿命等级决定，E1 为 2 次、E2 为 3 次、E3 为 5 次。

（3）应用于中性点绝缘系统的负荷开关，当其负荷侧的空载电缆或空载架空线路存在单相接地短路故障时，负荷开关应能开断单相接地电流；当其电源侧发生单相接地故障时，负荷开关应能开断空载电缆或架空线健全相的空载充电电流，此电流为三相时充电电流的 $\sqrt{3}$ 倍。

（4）用于控制电动机的负荷开关需要可靠开断失速条件下的电动机。

（5）负荷开关–熔断器组合电器柜中的负荷开关，当熔断器开断短路故障时，它将要开断转移电流；由脱扣器操作的组合电器，负荷开关在过电流情况下将要开断交接电流。

三、接触器柜及接触器—熔断器组合电器柜的正常操作和故障操作

1. 正常操作

接触器开关柜、基于接触器的电动机启动器开关柜以及接触器与短路保护装置组成的组合电器开关柜的正常操作，是指在负荷回路正常条件下及一定的过载条件下，交流高压接触器开断和关合回路负荷电流的操作。接触器开关柜可以用于开合交流电动机和变压器的负荷回路。接触器与过电流继电器组合而成的电动机启动器除了可以正常操作负荷回路的分合之外，当回路发生过载时，接触器也需开断过负荷电流。

2. 故障操作

接触器和启动器没有开断短路电流的功能，如果需要进行短路故障的保护，则需要与短路保护装置，如熔断器组合在一起，由熔断器负责进行短路电流的开断。

组合电器中的接触器还需要具有关合（预期）短路电流及开合交接电流的能力。

由接触器、启动器和组合电器组成的高压开关柜，无论是固定式还是手车式，各元件之间应有机械联锁和电气联锁，其联锁功能应满足防止误操作的要求。

四、高压开关柜的动力操作电源和分合闸装置控制电源

高压开关柜的操作就是柜内主开关设备及其隔离开关、接地开关的操作。其中高压断路器、负荷开关、接触器和快速接地开关的操作均为带电操作，一般均应进行远方电动操作，禁止就地带电进行分合闸操作。采用动力操作或者动力储能操作，储能用电动机所用电源或电磁操动机构所需动力直流电源要由变电站或发电厂提供。为了保障直流电源的运行可靠性，一般除电磁操动机构所需配置的直流电源要由变电站提供外，其他设备所需动力电源，变电站均提供交流电源。如果采用直流电动机，产品应自行配备整流装置，所以最好还是采用交流电动机作为动力操作电源。变电站和发电厂供给高压开关柜操动机构所使用的操作电源，应该根据设备的安装数量、导线截面和线路长度配置足够容量的电源，并应考虑可能有几台设备同时使用时，电源电压要保证在规定的范围内。特别是采用电磁操动机构的变电站，直流电源的容量必须保证任何情况下，合闸线圈端子上的稳态电压在规定的允差范围内。操作电源在标准中允许的电压范围为：85%～110%的额定交、直流电源电压。

高压开关柜中，断路器合闸和分闸装置中脱扣器所用的电源叫控制电源，并联合闸脱扣器在额定电源电压的85%～110%范围内，交流时合闸装置在额定频率下，应能可靠动作，当电源电压不大于额定电源电压的30%时，并联合闸脱扣器不应脱扣。并联分闸脱扣器在分闸装置的额定电源电压的65%～110%（直流电源）或85%～110%（交流电源）范围内，交流时在额定频率下，并联分闸脱扣器应能可靠动作，当电源电压不大于额定电源电压的30%时，不应脱扣。要求30%以下不能脱扣的原因是，既为防止脱扣器在变电站可能产生的干扰电压下发生误动，也为了防止发生意外碰撞或振动时发生误动。合分闸装置的控制电源可以是直流电源，也可以是交流电源，但是一般均采用相对比较稳定可靠的直流电源，因为交流电源在变电站内要受系统运行状态的影响，电压变动频繁且不可控，尤其是在系统发生故障时，电压可能要发生不同程度的跌落，此时很难保证电源电压在允差范围内。断路器如果采用与断路器组成一体的整流器–电容器组，并由主回路对电容器充电储能作为并联脱扣器的控制电源时，它应满足如下要求：当主回路的电源与整流器–电容器组的连接断开，并用导线短接放电5s之后，电容器上保留的电荷应足以使脱扣器可靠脱扣，断开前主回路的电压应取运行系统的最低电压。此一要求的目的是要确保当主回路发生接地短路故障时，储能装置仍能使断路器可靠分闸并开断短路故障。

第三节　高压开关柜的安装基础、接地和配电系统中性点接地方式

一、高压开关柜的安装基础

高压开关柜应安装在稳定和坚固的基础之上。安装基础应能承受设备的静载荷和开关设备在操作过程中所产生的向上、向下和水平方向的操作冲击力，应确保在长期运行中不发生倾斜、裂纹、滑移和下沉等妨碍高压开关柜正常运行和操作的有害现象。高压开关柜生产厂应提供开关柜的质量及操作时所产生的冲击作用载荷，并应明确提出对安装基础的强度要求。对于有地震要求的产品，还应提出对频率特性的要求，对强度的要求应包括抗震性能要求。

高压开关柜的安装基础，主要包括地基、柜体固定槽钢、电缆沟（槽）和接地网的设计和施工。开关柜可以安装在变电站、发电厂的高压室内，也可以安装在建筑物内的地面或楼层上，但是对基础的要求是相同的，尤其是装于商业大厦、办公大楼或者建筑物楼层上时，必须做好接地网的设计和施工。基础的设计和施工，应符合 DJ 57—1979《电力建设施工及验收技术规范》的有关规定。地基和固定柜体的槽钢应满足直线度和水平度的要求，水平度的误差每米不大于 1mm，高压室槽钢全长度的误差不大于 5mm，开关柜可用螺栓或焊接到基础槽钢上。

二、高压开关柜的接地

高压开关柜的接地包括主回路的接地、外壳的接地、接地装置的接地和手车的接地。主要要求如下：

（1）主回路中，凡是规定或需要触及的所有部件均应可靠接地。

（2）各个功能单元的外壳均应连接到接地导体上，除主回路和辅助回路之外的所有要接地的金属部件，应直接或通过金属构件与接地导体相连接。高压开关柜柜门、盖板、隔室的金属隔板，与开关柜骨架本体的电气贯通性，按照 GB/T 11022—2011 标准要求，这些点到接地端子之间通以 30A 直流电流，其电压降应不大于 3V。

（3）二次控制仪表室应设有专用独立的接地导体。

（4）开关柜中主回路的接地开关，应选用三相短路接地的接地连接，其最大短时耐受电流为主回路的额定短时耐受电流。

（5）可抽出部件上应接地的金属组件，在试验位置、隔离位置及任何中间位置均应保持接地。可移开部件上应接地的金属组件，在插入和抽出过程中，在静触头

和可移开部件接触之前和分离过程中应接地，并保证能满足接地回路的额定峰值耐受电流和额定短时耐受电流的要求。

（6）每个开关柜内应设置专用的铜质接地导体，并应满足规定的短时耐受电流和额定短路持续时间为 4s 的要求。开关柜沿宽度方向应设置贯穿全部开关柜的铜质专用接地导体，一般设置在开关柜的底部，所有柜的接地专用导体都连接在该专用接地导体上。接地导体之间的连接应采用不小于 M12 的螺栓连接。接地导体在一列柜的两端应设置连接孔，用 M12 的螺栓与变电站内接地网的引上线相连接。

（7）避雷器放电接地导体的连接，应可靠汇集至开关柜接地桩。

三、配电系统中性点的接地方式

中压配电系统中性点的接地方式主要有两种：一种是中性点直接接地系统，如欧洲配电网大都为中性点接地系统；另一种是中性点绝缘系统，如我国 110kV 以下的配电系统均为中性点绝缘系统，美国和加拿大等美洲国家也都为中性点绝缘系统。中性点的接地方式将影响配电设备的绝缘水平，中性点绝缘系统的绝缘水平应考虑比中性点接地系统高出 $\sqrt{3}$ 倍的影响，但是中性点绝缘系统的接地回路可能出现的最大接地短路电流只有中性点接地系统的 86.6%，也就是只有发生异相接地时才能出现最大短时耐受电流。

第四节　高压开关柜在运行中应具备的技术性能

高压开关柜是电力系统直接向各种电力用户供电的开关设备，运行中的高压开关柜需要完成两个方面的任务，其一是能够在各种环境条件下长期通过负荷电流而不发生过热或损坏，同时能够短时通过含有任何直流分量的故障电流或过负荷电流而不发生熔焊和损坏；其二是在负荷回路中出现任何的过负荷电流或发生各种故障电流时，能够准确及时和可靠地开断或关合这些回路，切实保证供电系统的运行安全。高压开关柜要能够胜任上述两项任务，就必须具备必需的机械性能、绝缘性能、热性能、安全防护性能和广泛的环境适应性能，以确保在其使用寿命周期内能安全可靠地运行。

一、高压开关柜的运行可靠性

高压开关柜的运行可靠性关系到千家万户的用电安全，也关系到配电系统的自身安全，其直接的社会影响远超过高压和超高压设备运行可靠性的影响。高压开关

柜的运行可靠性取决于下述3个方面：

（1）产品的设计水平、材质选择、零部件的加工工艺和加工质量，主开关和配套件的质量、装配工艺和装配质量、二次回路配套件的可靠性。

（2）产品型式试验的等价性，出厂检验的控制水平和现场安装调试的质量。

（3）运行维护和检修水平。

高压开关柜的运行可靠性包括其电气、机械、热、密封和联锁等性能的可靠性。电气可靠性包含开关柜内一、二次回路的绝缘性能，主开关设备和隔离开关及接地开关的各种开合性能。机械可靠性包含开关柜的壳体、支撑件及各元部件的机械强度和刚度，开关设备分合闸动作的稳定性和可靠性，在峰值电流作用下主回路和接地回路的承受能力。热性能包含主回路各元件在长期工作电流和短时耐受电流的作用下，能确保不会发生过热或熔焊，动静触头接触良好。密封性能包含气体绝缘开关柜的动、静密封和气体年泄漏率。高压开关柜的联锁装置是确保运维人员安全和防止误操作的重要部件，机械联锁部件必须具有足够的机械强度，在发生误操作时不会发生变形或损坏。高压开关柜在其运行过程中将会遭受不同程度的电气的、机械的和热的应力，其零部件和元件也会遭受不同程度的损耗和疲劳，可能会逐渐或突然丧失其功能，使其运行可靠性不断降低，甚至发生故障。为此，运行部门就需要加强运行维护，要在一定的运行时间后，或一定的机械操作次数和开断一定次数的负荷电流或短路故障电流后，对开关柜内各相关元件和部件进行必需的检查、维护和检修，使其技术性能得以恢复，以确保其在要求的检修周期内，直至其使用寿命周期内的运行可靠性。

二、机械性能

高压开关柜在运行中将要承受来自外部和自身的各种机械负荷，这些机械负荷有持续长期作用的机械力，有反复多次作用的机械力，也有偶尔发生的作用力或几种负荷同时作用的机械力。高压开关柜的各个部分和各个元件，包括开关柜的骨架、外壳、隔板、门、活门、可抽出和可移开部件、开关装置及其机械传动链、机械联锁、主回路各元件的固定支架及它们之间的连接导体和紧固件等，均应有足够的机械强度和刚度，在各种机械负荷的作用下，不发生变形、损坏、松动、位移，能够确保机械分合闸动作的准确性、稳定性和可靠性，并确保开关柜的电气性能。

1. 来自外部的机械负荷

高压开关柜来自外部的机械负荷主要是异物的撞击以及在搬运过程中的振荡和撞击，这就要求开关柜的外壳具有一定的防护性能，以便能够抵御外部机械撞击及其外物和雨水的进入。开关柜内各个元件的固定、连接应能承受在运行过程中可

能产生的振动和撞击，不发生部件的松动、位移或损坏。

2. 来自自身的机械负荷

高压开关柜由于自身产生的机械负荷主要有下述4个方面：

（1）主回路中各个元件的重力。开关柜内装有不同的开关元件及其他元件，这些元件的重力在其使用寿命周期内始终作用在开关柜的柜体上，这就要求，开关柜不但要有足够的机械强度，还要有一定的刚度，以便保证开关柜在各元件的重力作用下，以及其他机械力的作用下，既不损坏，也不变形。

（2）电动力。由于短路而形成的相间电动力不但作用在高压开关柜内三相导电回路之间，同时也作用在开关设备的支持绝缘子和支架上，而最大的电动力出现的边相上。因此峰值耐受电流试验要求要在三相回路中的任一边相上达到规定的峰值电流。高压开关柜中的开关设备在关合和开断短路电流时也会产生相间电动力，从而影响动触头的运动速度，增大了其开合短路电流的难度。

（3）操作力。为了保证高压开关柜内的开关设备的开合能力，它必须具有很高的分合闸速度，同时在分、合闸完成之后，还必须将剩余的机械功有效地给予消化，这就要求开关设备的整个机械传动链中的所有元件，包括主传动轴，必须有足够的机械强度和刚度及牢靠的机械连接，要能经受机械寿命的试验考核和短路开断试验考核而不发生拒误动和传动部件的损坏和变形。

（4）充气压力。对于中压充气式高压开关柜，不管是采用 SF_6 气体或是压缩空气、氮气、二氧化碳等其他气体，均要求具有一定压力的气体保证其绝缘性能，而充气的隔室就必须具有一定的机械强度，充气压力越高，要求密封箱体的机械强度越高。

（5）内部电弧产生的压力。高压开关柜内发生短路故障时内部电弧所产生的电弧能量将会引起内部压力的上升，从而对充气隔室或开关柜体产生机械应力，这就要求高压开关柜的壳体以及充气箱体必须具有一定的机械强度，同时也要求门的铰链和锁具也必须具有相应的机械强度，以确保在内部电弧所产生的压力的作用下门和盖板不会被吹开、充气的箱体或开关柜的外壳不发生开裂损坏。

高压开关柜是一种组合电器设备，安装在开关柜内的各个元件及其它们之间的连接，以及开关设备的机械传动链都必须具有设计所需的机械强度，从而确保机械动作的准确性、稳定性和可靠性，及其电气可靠性。

三、热性能

运行中的开关柜由于载流而会发热，如果所使用的元件、零部件的温度超过其允许温度限值，不但无法保证其技术性能，还会造成过热损坏并导致系统故障。所以，必须确保高压开关柜的热性能，以保证开关柜的运行可靠性。

1. 影响开关柜载流性能的因素

高压开关柜工作中发热产生的温升取决于承载电流、主回路导体及其连接结构、周围绝缘介质、外壳金属构件等的发热和散热特性，它的载流性能还与导电材料和元件、支撑绝缘体的耐热性能有关。所以，为提高开关柜的载流性能，可从抑制和减小发热，提高散热效率和提高耐热性能等方面采取措施进行优化设计。

（1）发热。开关柜在正常工作状态下，发热源有导体通电时产生的焦耳热、感应热、介质热。

1）耳发热。在电阻 R（Ω）上有电流 I（A）流过时，会有相当于单位时间为 I^2R 的能量损失，称为焦耳热。

开关柜除铜和铝导体材料上流过电流引起的发热外，还有在导体连接部位的接触电阻上通过电流后的发热。导体的发热会有集肤效应，几个导体相邻配置时会有邻近效应而增大焦耳发热。通常，接触电阻随着接触面积和接触压力的增加，表现出减小的特征。

为了降低焦耳发热，可从导体材料、形状、尺寸的选取以及多导体之间的几何布置，降低接触电阻等方面进行优化。

2）感应发热。感应发热是一种在交变磁场中放置的导磁材料构件中所产生的涡流损失或磁滞损失引起的发热。感应发热与频率、钢构件上的磁通密度以及涡流回路的电阻有关。开关柜的套管安装部位、电缆穿过部位、活门等导体与钢板贯穿的部分及导体与钢板距离很近的场合，大电流开关柜柜体骨架，都应特别注意感应发热的影响。

为抑制感应发热，可采用不锈钢及铝板等非磁性材料作导体穿越隔板，增加大电流导体与钢件间的距离，插入缝隙增加磁阻，改变构件截面或形状，在大电流开关柜框架的支撑环链中使用不锈钢零件，或为了降低涡流而在钢件表面设置屏蔽等措施。

3）介质发热。当电介质处在高频电场中时，会产生热损失。对于高频绝缘材料，这种发热还会引起燃烧、变形、变质或绝缘下降等不良现象，有时还会带来电容器烧损等故障。可采取设置高频过滤器等措施来抑制高频引起的电容器发热等问题。

（2）散热。一般来说，存在有温差的场合，从高温部位向低温部位会发生热流动——传热现象，根据热传播机理，分为热传导、热转移和热辐射。开关柜内部发热体向外散热的方式，主要有以下几种：① 从发热体向与之接触的导体、框架、支撑件等的传导散热。② 开关柜内的发热体的辐射散热。③ 伴随开关柜内部气体

移动引起的对流散热。④ 与开关柜接触的安装面、基础螺栓等的传导散热。⑤ 从开关柜外壳的辐射散热。⑥ 随开关柜外部空气移动引起的对流散热。⑦ 开关柜有换气装置时，从柜内向柜外的对流，又可分为自然对流和使用风机的强制对流。

开关柜的散热可分为自然散热和强制散热。自然散热就是通过设备周围空气的自然流动进行散热的方式，高压开关柜采用的强制散热一般为采用强制风冷的方式，即对高压开关柜进行强力吹风或抽风来加强散热。高压开关柜内导体及连接部位、接触部位焦耳热的自然散热性能的改善措施，主要是选择最佳的导体配置、导体形状、导体表面粗糙度等，必要时可在发热部位设置散热装置，通过增加散热面积来提高散热效果。作为柜内热量向柜外散热的技术，有自然换气方法，但在使用时需要注意选择换气口结构、换气通道、过滤器等。C–GIS 等密封型的开关柜的散热，还要着重优化开关柜内部的对流、向外辐射、外部对流等带来的散热效果。

对于大电流开关柜，如 3150A 以上的开关柜，依靠自然散热技术往往达不到有效控制温升的效果，此时需要在自然散热的基础上，增加强制通风的散热措施，以保证开关柜的温升在允许范围内。

（3）耐热。开关柜内配置的元件、材料，尤其是绝缘件必须要能耐受周围导体发热而引起的温升。或者说，设计时，必须保证温升在绝缘件能够耐受的温度极限以下。

开关柜主回路的连接部位和接触部位一般都应进行镀银或镀锡以提高温升允许值。导体容量越大，越能提高因温差造成的传导性能，从而降低温升。设计导电部分时，必须充分考虑到在长期额定电流以及在短时耐受电流时的通流容量。

2. 承载正常工作电流的热性能

高压开关柜运行时主要发热因素有主回路导体通流时的功率损耗和外壳、隔板、主回路支撑等处的部分金属构件由于电磁效应产生的损耗，后者对大电流开关柜发热影响更大。而主要散热因素有导体的传导和辐射散热、开关柜内空气对流、外壳的辐射和空气对流散热等，一些产品还需附设强制冷却措施。

高压开关柜在规定的使用和性能条件下，应该能够长期承载额定电流，其各部分的温升值应在规定的范围之内。

空气绝缘开关柜包括母线在内的各接触点的温升应不超过表 3–1 中的规定值。

表 3–1　　空气绝缘开关柜各接触点的温升规定值

接触点部位及材料的表面处理		周围空气温度≤40℃时的允许温升（K）
动静触头的插接处	铜镀银	65
主、分支母线的搭接处	铜镀（搪）锡	65
分支母线与电器端子的搭接处	铜镀（搪）锡	65
用螺栓与外部导体连接的端子	铜镀锡	65

续表

接触点部位及材料的表面处理		周围空气温度≤40℃时的允许温升（K）
具有不同镀层的连接	铜镀锡、铜镀银	75
可触及的外壳部件	在正常操作中可触及的	30
	在正常操作中不可触及的	40

SF_6 气体绝缘开关柜包括母线在内的各接触点的温升应不超过表 3–2 中的规定值。

表 3–2　　SF_6气体绝缘开关柜（C–GIS）各接触点的温升规定值

接触点部位及材料的表面处理		周围空气温度≤40℃时的允许温升（K）
三工位隔离开关动静触头的插接处	铜镀银	65
主、分支母线的搭接处	铜镀银	75
分支母线与电器端子的搭接处	铜镀银	75
用螺栓与外部导体连接的端子	铜镀银	75
可触及的外壳部件	在正常操作中可触及的	30
	在正常操作中不可触及的	40

当考虑母线的最高允许温升时，应根据工作情况，按关联的触头、连接及与绝缘材料接触的金属件的最高允许温度确定。

型式试验时，开关柜的试验电流在 1.1 倍额定电流达到温升稳定状态时，温升值应在允许值范围内。

高压开关柜中各元件的温升按照各自的技术条件，应不超过各自标准的规定，并且应有充分的裕度，以保证长期运行后不会发生过热。

3. 在短时耐受电流作用下的热性能

高压开关柜内主回路的主母线、分支母线及主开关、电流互感器、接地开关、接地回路的接地连接、贯穿于柜体之间的专用接地导体可能承受短时耐受电流的作用。对主回路和接地回路应能够承受额定短时耐受电流和额定峰值耐受电流的作用，而不会发生任何部件的机械损坏或导体熔断、触头熔焊，开关设备经试验后在第一次分闸操作时应可顺利分闸，且主回路能够继续承载额定电流，而温升符合规定。

4. 回路电阻对热性能的影响

高压开关柜的主回路是开关柜运行中的发热源，回路电阻值代表了回路的连接状态和导电性能。为了保持与型式试验产品热性能的一致性，出厂产品或运行中设备的主回路电阻值，应不大于型式试验中温升试验前的试品主回路电阻值的 1.2 倍。

主回路电阻超过规定值说明某些连接部位接触不良，如果不及时处理，就会造成运行中设备过热，重者会导致故障。

四、绝缘性能

高压开关柜的绝缘性能取决于它所采用的绝缘介质（空气、空气+固体、固体、SF_6气体或其他气体），开关柜的尺寸，相间和相对地（柜体）的距离，主回路中各元件的绝缘材质和性能［TA（电流互感器）、插头］，运行地点的气候条件（湿度、污秽、海拔），系统中性点接地方式，金属部件的表面场强等。可以说，高压开关柜的绝缘性能是一种综合技术性能，受多种因素影响，每个环节都不能忽视。

为确保高压开关柜在实际运行中的绝缘性能，我国电力系统根据电网的运行经验，除规定了额定绝缘水平外，还另行规定了最小爬电比距，以及单纯以空气作为绝缘介质时和以空气和绝缘隔板组成复合绝缘介质时所应达到的最小空气间隙值，而且要通过凝露试验进行验证。对于高压开关柜装用的高压设备，IEC 和 GB 均未规定对爬电距离和相间、相对地的最小空气间隙的具体要求，也未规定采用空气+绝缘隔板（固体绝缘）组成复合绝缘介质时，带电体与绝缘体的最小间隙。

单纯以空气作为绝缘介质的开关柜，相间和相对地的最小空气间隙为：

（1）12kV。相间和相对地 125mm，带电体至门 155mm。

（2）24kV。相间和相对地 180mm，带电体至门 210mm。

（3）40.5kV。相间和相对地 300mm，带电体至门 330mm。

以空气和绝缘隔板组成的复合绝缘作为绝缘介质的开关柜，绝缘隔板应选用耐电弧、耐高温、阻燃、低毒、不吸潮且具有优良机械强度和电气绝缘性能的材料。带电体与绝缘隔板之间的最小空气间隙应满足：

（1）12kV。设备应不小于 30mm。

（2）24kV。设备应不小于 50mm。

（3）40.5kV。设备应不小于 60mm。

高压开关柜及其一次元件外绝缘的最小标称爬电比距为：瓷质绝缘材料 18mm/kV、有机绝缘材料 20mm/kV。绝缘件的表面最小有效爬电距离见表 3–3。

表 3–3　　绝缘件的表面最小有效爬电距离

电压等级（kV）	12	24	40.5
瓷质材料（对地）（mm）	216	432	729
有机材料（对地）（mm）	240	480	810

注　对于有机绝缘件的局部放电量应不超过 5pC，其工频耐压时间为 5min。

五、开断与关合性能

高压开关柜内装用的开关装置的开断和关合性能，是指在开关柜内完成全部关合、开断电流系列型式试验的能力，柜内配装的断路器、负荷开关和接触器等不同类型的主开关元件，应按照断路器、负荷开关、接触器标准中规定的全部关合、开断试验项目进行试验。对已通过型式试验要求的所有开合试验项目的主开关装置，当配装在其他开关柜内时，可只进行标准规定的验证试验。

1. 柜内高压断路器的开断和关合性能

装用在 12～40.5kV 高压开关柜内的断路器，应具有开断直至额定短路开断电流的任意值的出线端的短路电流、异相接地故障电流、失步开断电流和关合额定短路关合电流的能力，使用于线路系统的 24kV、40.5kV 断路器还应具有近区故障开断能力。应该强调的是这些短路开断和关合性能是断路器装在开关柜内的性能。

（1）短路故障开断性能。断路器短路开断与关合性能由基本短路试验方式试验和电寿命试验确认。

基本短路试验方式包括 T10、T30、T60、T100s 和非对称开断 T100a。IEC 62271–100：2008《高压开关设备和控制设备　第 100 部分：高压交流断路器》标准按断路器使用要求，新定义了 S1 级、S2 级两类断路器。S1 级为用于 3.6～72.5kV 电缆系统中的断路器，S2 级为用于 24～72.5kV 线路系统或与架空线路直接连接的电缆系统中的断路器。两类断路器的开断条件，即瞬态恢复电压（TRV）参数不同，S2 级断路器的 TRV 参数更严酷，其恢复电压上升陡度几乎提高了一倍，而 S1 级断路器与原来要求相同，用于开关柜内的断路器，在柜内应该具有在相应规定的试验参数下，开断各个试验方式的能力。

断路器按电寿命分为 E1 和 E2 两级。用于无自动重合闸方式的 E2 级断路器的电寿命能力是通过中间不检修完成基本短路试验方式来验证，没有附加试验。用于自动重合闸方式，即通常用在架空线路的 E2 级断路器，应具有表 3–4 中给出的序列中的电寿命能力，但我国的使用部门均要求按照序列 4 满容量的连续开断次数进行电寿命试验。

表 3–4　　　用于自动重合闸方式的 E2 级断路器电寿命规定

试验电流（额定短路开断电流的百分数）（%）	操 作 顺 序	序列 1	序列 2	序列 3	序列 4
10	O	84	12	—	
	O–0.3s–CO	14	6	—	
	O–0.3s–CO–t–CO	6	4	1	

续表

试验电流（额定短路开断电流的百分数）(%)	操作顺序	序列 1	序列 2	序列 3	序列 4		
30	O	84	12	—			
	O–0.3s–CO	14	6	—			
	O–0.3s–CO– t –CO	6	4	1			
60	O	2	8	15			
	O–0.3s–CO– t –CO	2	8	15			
100（对称的）	O–0.3s–CO– t –CO	2	4	2	1		
	O				8	13	23
	CO				6	11	21
	O–0.3s–CO– t –CO				1		

（2）短路故障关合性能。高压开关柜内的高压断路器不但要能可靠开断短路故障电流，同时还要能可靠关合短路电流，直至额定短路关合电流。断路器关合短路电流有 3 种情况，第一种是发生在电压为峰值附近时的关合，此时会发生最长的预击穿时间。所谓预击穿就是断路器以合闸速度使动、静触头逐渐接近，当动、静触头之间的耐电强度低于断口间的电压时，则触头间隙被击穿，触头间产生电弧并流过短路电流。触头间隙被击穿的长度叫作预击穿长度，最大长度是在合闸过程中在电压峰值左右时被击穿的间隙长度，同时也是短路电流过零时被击穿的间隙长度。所以间隙击穿后流过间隙的只有交流分量且是最大的短路电流值，即额定短路开断电流。触头间在合闸过程中发生预击穿将会对触头的合闸运动产生极大的阻力，阻力的大小取决于预击穿长度和流过的电流值，最大的阻力是预击穿长度最长而电流是额定短路开断电流的时候。预击穿所产生的阻力效应对于不同的断路器将产生不同的效果，对于油断路器阻力效应最大，对于气体介质断路器，如压缩空气断路器、SF_6 断路器和真空断路器相对效应较小，其原因是油断路器的预击穿长度长，而发生预击穿后强电流会使油介质剧烈汽化产生巨大的阻力，使动触头运动速度迅速变慢，甚至还会发生瞬时的停顿，然后再以比正常合闸速度慢的速度进行合闸，这样就可能导致关合时触头发生熔焊。高压断路器的标准要求，断路器的短路关合电流试验应该满足以下两项要求：

1）在电压波的峰值处进行关合，将产生最长的预击穿电弧和一个完全对称的短路电流。

2）断路器能够关合完整的非对称短路电流，该电流应为额定短路关合电流，在电压波的零点处关合，没有预击穿，将产生一个直流分量为 100%的非对称短路电流。

对 1）项的要求就是要在全电压下进行关合短路电流试验，而对 2）项的要求就是本文所说的第二种情况，即关合时发生在外施电压为零，短路电流为峰值时的情况。此时系统将会产生一个直流分量，以抵制短路电流的突变，并以系统的时间常数按指数逐渐衰减至零。关合电流就是额定短路电流的对称分量与直流分量的叠加，即非对称开断电流。额定短路关合电流取决于系统的时间常数，时间常数为45ms时，额定短路关合电流取1.8倍额定短路开断电流的峰值，时间常数大于45ms，取1.9倍额定短路开断电流的峰值。

上述所谈的关合情况实际上是两种极端的情况。实际上，断路器在系统短路时的合闸或重合闸很难正好发生在电压为零或为峰值的时刻，所以绝大多数情况下，关合时电压的相位是在0°和90°度之间，这是第三种情况。

上述所谈的额定短路关合电流值没有考虑断路器极间不同期的影响，如果断路器一极触头流过短路电流的时间比其他二极滞后时，最后关合的这一极可能会有更高峰值的关合电流，因为它的关合电压为1.3或1.5倍的相电压，即所谓“末极关合系数”，物理意义与首开极系数相同。因此，在标准中对关合试验的外施电压有如下要求：当合闸极间同期性超过额定频率的1/4周波时，即50Hz时5ms，短关合试验的外施电压应等于相对地电压与断路器的首开极系数（1.3或1.5）的乘积。实际上在运行中发生三相短路故障时，只要是已经有二极已经合闸，最后合闸极关合时的电压就是相电压与首开极系数的乘积，哪怕极间同期只有1～2ms。

高压断路器的短路关合性能是各电压等级断路器的重要技术性能之一。首先，它要求断路器所配用的操动机构必须具备足够的关合操作功能，保证断路器能够达到所要求的合闸速度，触头在关合过程中不能有过分的烧损，合闸后触头不能熔焊，同时能可靠地将动触头扣锁在合闸位置上。这其中既有电性能的要求，也有机械性能的要求。短路关合性能的优劣还会影响到随后的短路开断性能，这一点是非常重要的。高压断路器的短路开断有两种，一种是单分的开断，即处于合闸位置的断路器开断系统短路故障，另一种就是合闸到短路故障后的开断，这种开断将会受到之前关合情况的影响，如果断路器关合短路性能较差，就会使灭弧室内的绝缘介质和绝缘件的初始状态差，从而使后面随之而来的开断能力变差。高压断路器不但要具有可靠和稳定的短路开断性能，同时还要具备与短路开断能力相匹配的短路关合性能。高压开关柜内装用的断路器，它在柜内的开断和关合性能不但与断路器的自身性能有关，而且与开关柜的机械强度和刚度有关。

（3）近区故障开合性能。近区故障是相对于出线端故障而言的短路故障，是指在距离高压断路器出线端子较近距离的架空线路上发生的短路故障，一般是指发生在距出线端子0.5～5km范围内的短路故障。此种形式的短路故障由于有一段架空线路阻抗的接入，其短路电流比出线端处的短路电流小，但是，由于断路器开断后这段架空线上留有一定的电压在线路上来回振荡，并形成一个锯齿形高频电压波施加到断路器的故障端，此电压波与断路器电源侧的恢复电压相叠加，使得断路器开断后的初始阶段的恢复电压上升率陡增，从而为断路器的成功开断造成困难。图 3–2 为近区故障时的瞬态恢复电压，u_1 为电源侧的恢复电压，u_2 是线路侧的恢复电压，它一般呈锯齿形，是线路上的电压在线路上来回反射形成的。图 3–2（a）为短路时沿架空线路上的电压分布；图 3–2（b）为等值电路图；图 3–2（c）是断口间瞬态恢复电压的波形。近区故障条件与出线端故障相比，关键是在断路器的故障端多了一个锯齿波的高频振荡电压，此电压的大小决定于故障线段的线路阻抗值，而锯齿波的频率则由故障线段的长短决定。线路上的残余电压初始值由短路电流乘以线路的阻抗，锯齿波的周期等于电压波从断路器端子到故障点传播时间的 4 倍。因此，断路器开断后的苛刻度，决定于故障点与出线端的距离，因为它既决定了故障电流值，又决定了锯齿波的频率和峰值。近区故障要求断路器要具有优良快速的介质初始恢复速度，在锯齿波到达端子处的第一个波峰值时能够耐受恢复电压的作用而不发生电弧的重击穿。一般来说，高压断路器只要能够通过近区故障的试验考核，开断出线端故障就没有什么问题了。

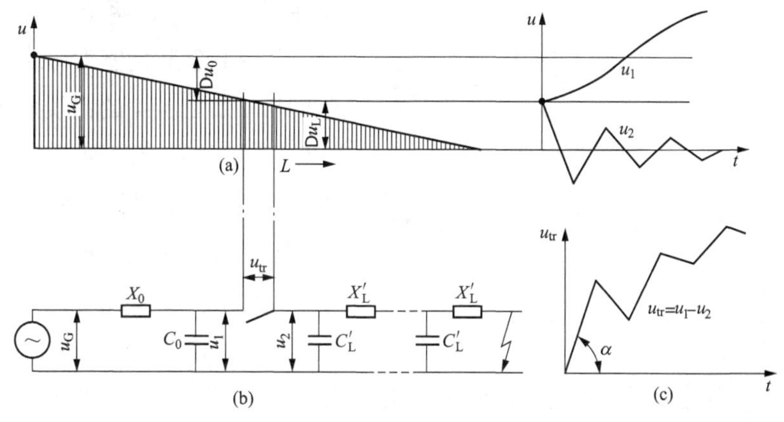

图 3–2 近区故障时的瞬态恢复电压

（a）沿架空线路上的电压分布；（b）等值电路图；（c）断口间瞬态恢复电压的波形

24kV 和 40.5kV 高压开关柜用于架空输电线路的保护时，柜内断路器应具有近区故障的开合能力。

（4）失步故障开合性能。当断路器作为两个电源或两个系统之间的联络断路器时，如果进行合闸并网操作时两侧相序接反，或者发生非同期误并列时，高压断路器将会在两个电网失步条件下进行合闸操作，最严重时两个电网或电源电压相差 180°。处于联络位置的断路器，当系统发生短路故障并造成两个系统之间发生振荡时，它需要进行解列操作，使两个电源或电网解列。解列时如果两个系统已经失步，则此时断路器进行的操作是失步开断。开断后的工频恢复电压将会达到 2～3 倍工频相电压，甚至会超过 3 倍工频相电压，从而为断路器的开断造成了困难。失步故障时的等值电路图见图 3–3。

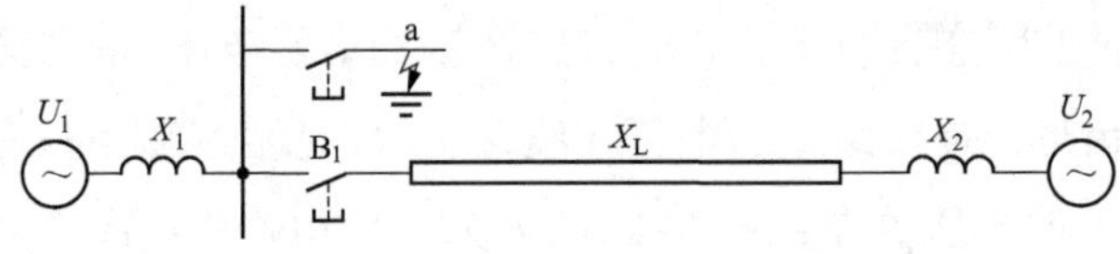

图 3–3　失步故障时的等值电路图

图 3–3 中，B_1 为联络断路器，X_1 和 X_2 分别表示两个电源的等值电抗，X_L 为线路电抗。假设电源 U_1 的母线在 a 点发生短路，而且假设电源 1 和电源 2 为 a 点提供的短路功率相同，即 $X_1 = X_2 + X_L$，则 a 点的短路电流 $I_k = \frac{2U_1}{X_1}$。如果假设此短路电流为所选用的断路器的额定短路开断电流，则当两个系统完全失步时，即两个电源反相 180° 时，其失步电流为 $I_s = \frac{2U_1}{2X_1} = \frac{U_1}{X} = 50\% I_k$，即假设 $X_2 + X_L = X_1$ 时，两个系统完全失步时，失步电流最大值为母线短路电流的 50%，如图 3–4 的曲线所示，横坐标为 $(X_2 + X_L)/X_1$，纵坐标为失步电流与断路器额定短路开断电流的比。实际运行系统发生这种情况是很少见的，因为系统 2 要向 a 短路点提供与系统 1 相同的短路容量就必须能输送比系统 1 更大的容量才行，这就使得 X_1 很难与 $X_2 + X_L$ 相等。失步电流与两个系统的联络线的长短有很大的关系，当联络线较短时，其 X_L 就较小，失步电流就会比较大。当两个系统失步时（不见得是 180° 的失步），不同的电网与不同长度的联络线，会发生不同的失步电流。为了统一高压断路器的试验要求，标准中将 25%的额定短路开断电流值定为高压断路器的额定失步关合和开断电流。如果两个系统间的联络线较短，经计算后，失步电流可能超过额定失步开断电流，用户可作为特殊情况向厂家提出咨询。

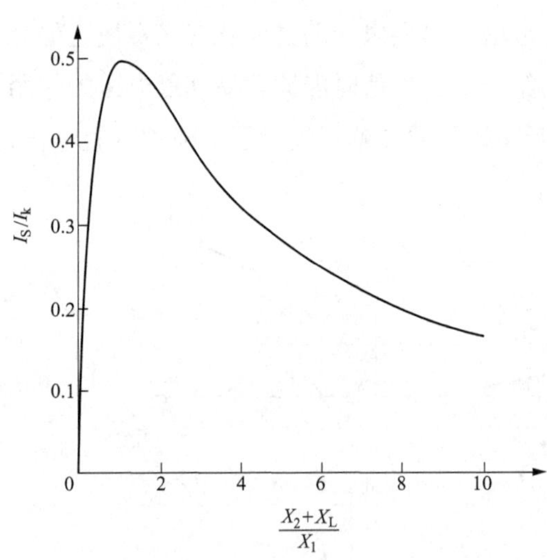

图 3–4　失步电流与两系统电抗比的关系曲线

高压断路器开断和关合 25%的额定短路开断和关合电流并不会产生什么困难，关键是开断后在断口间将会出现较高的工频恢复电压，它将影响断路器失步开断的成败。失步故障实际就是两个系统之间的短路故障，因此失步开断中的首先开断相上出现的工频恢复电压与两个系统的中性点接地状况密切相关。当两个系统均为中性点接地系统时，失步开断时首先开断相上的工频恢复电压最大值可能达到2.6倍相电压，即2倍的首开系数；如果两个系统为中性点绝缘系统，则可达3倍相电压。中性点有效接地、非有效接地系统失步开断后的工频恢复电压分别如图3–5和图3–6所示。由于实际系统中发生失步时不会达到180°，所以标准中规定失步开断的工频恢复电压为：对中性点有效接地系统中的断路器取2.0倍相电压，对中性点非有效接地系统中的断路器取2.5倍相电压。有效接地系统中对应2.0倍相电压的失步相角近似为105°，非有效接地系统中对应2.5倍相电压的失步相角近似于115°。

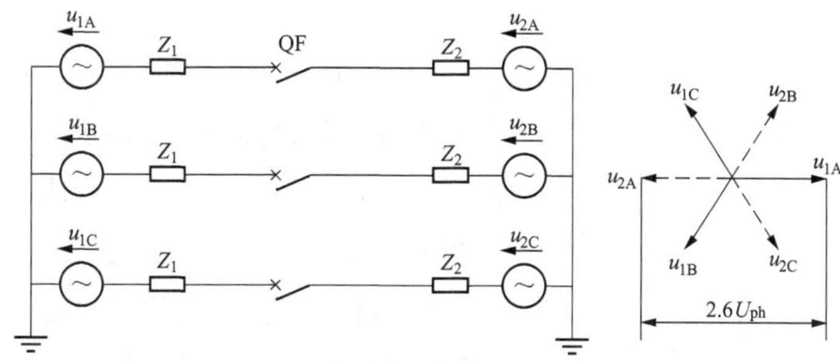

图3–5 中性点有效接地系统失步开断后的工频恢复电压

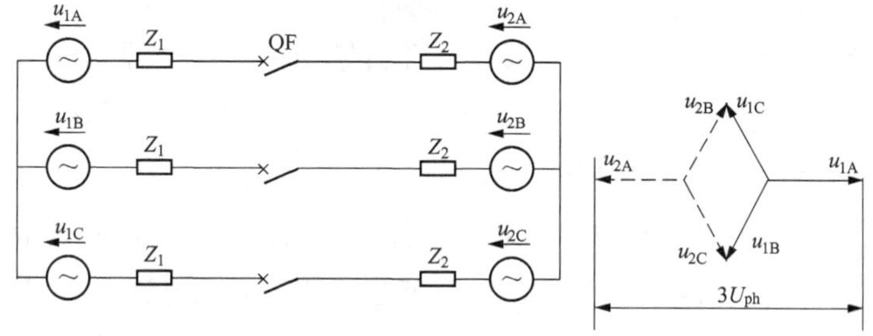

图3–6 中性点非有效接地系统失步开断后的工频恢复电压

失步开断要求断路器能够耐受比短路开断后更高的工频恢复电压，在某种程度上其开断后的介质绝缘强度的恢复速度应该比短路开断后的介质恢复速度更快。

高压开关柜内的断路器只有作为联络断路器时才要求具有开合失步故障的性能。

（5）单相和异相接地故障的开断性能。高压开关柜内的高压断路器应能开断下述两种不同情况下发生的单相短路电流，即在中性点有效接地系统中发生的单相接地故障，或在中性点非有效接地系统中发生的异相接地故障，即接地故障出现在不同的两相上，一个接地点在一相断路器的一侧，另一个接地点在另一相断路器的另一侧。在中性点绝缘系统中断路器没有开断单相故障的情况。

一般而言，三相短路电流大于单相短路电流，因为三相短路阻抗小于单相短路阻抗。但是，在联系比较紧密的电力系统中，有可能出现电源的零序阻抗较电源的正序阻抗小的情况，此时单相接地电流就可能比三相短路电流大，例如，在发电机–变压器单元接线中，当变压器绕组在发电机侧为三角形接线，而在高压侧为星形接线时，电源总的正序阻抗由发电机阻抗和变压器阻抗相加而成，而电源的零序阻抗仅为星形连接的变压器绕组的阻抗，从而使零序阻抗小于正序阻抗，这就使得此一回路中的高压断路器在开断单相接地时的故障电流，要比同一位置的三相短路故障电流高出 20%～30%。如果断路器是以此回路中三相短路电流为额定短路开断电流的话，就需要再按单相接地短路电流进行一次单相短路开断电流的验证。单相短路开断的试验条件比三相开断要轻松，工频恢复电压只为相电压，没有首相开断系数。

异相接地故障是在中性点绝缘的配电系统中经常遇到的一种故障，因为在此系统中单相接地故障可以持续运行，如果在查找故障之前在另一相的断路器另一侧又发生了接地，则两点接地就构成了异相接地短路故障，如图 3–7 所示的 QF_A。异相接地短路电流为 0.866 倍额定短路开断电流，而一相开断后出现在断口上的工频恢复电压为线电压。开关柜内断路器开断异相接地故障的电流接近于额定短路开断电流，但是开断后的工频恢复电压则高于短路开断的工频恢复电压，这就要求其开断后的介质绝缘恢复速度要快，要能耐受恢复电压的作用。

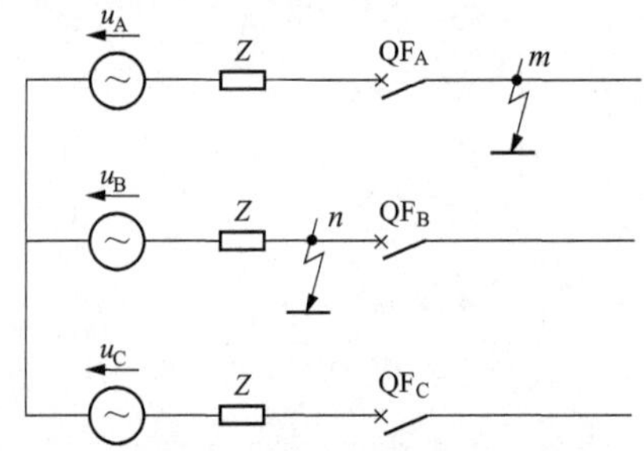

图 3–7　异相接地等值电路图

（6）容性电流开合性能。3.6～40.5kV 高压开关柜中断路器应具备开合容性电流的性能，其需开合的容性电流包括：① 架空线路的充电电流；② 电缆线路的充电电流；③ 单组电容器组电流；④ 多组并联电容器组电流。容性电流的开合是 3.6～40.5kV 断路器在电网运行中经常进行的一种操作方式，如架空线路或电缆线路的停送电，并联补偿电容器组的投入和退出等，尤其是无功补偿用电容器组的投切可能还是频繁操作。标准中对于 72.5kV 以下的断路器开关空载电缆电流的型式试验是强制性的。开合电容器组电流则包含有单组电容器组开断电流、背对背电容器组开断电流和背对背电容器组关合涌流的试验。配电网中，高压断路器容性开合电流的性能对电网的安全运行极为重要，在开断过程中是否发生重击穿是其性能优劣的重要标志，因为重击穿是产生过电压和造成开断故障的根源之一。表 3–5 为 7.2～40.5kV 断路器额定容性开合电流的优选值。

表 3–5　　7.2～40.5kV 断路器额定容性开合电流的优选值

项目	线　路	电　缆	单组电容器组	背对背电容器组		
额定电压（kV，有效值）	额定线路充电开断电流（A，有效值）	额定电缆充电开断电流（A，有效值）	额定单组电容器组开断电流（A，有效值）	额定背对背电容器组开断电流（A，有效值）	额定背对背电容器组关合涌流（kA，有效值）	涌流的频率（Hz）
7.2	10	10	400	400	20	4250
12	10	25	400	400	20	4250
24	10	31.5	400	400	20	4250
40.5	10	50	400	400	20	4250

断路器开断容性电流的技术性能在规定的型式试验中分为 C1 级和 C2 级。C1 级断路器具有低的重击穿概率，C2 级断路器具有非常低的重击穿概率，在型式试验中针对两种级别的试验方式和操作次数均不同。

对于 12～40.5kV 高压开关柜内的断路器，由于 10～35kV 系统的绝缘水平较高，绝缘裕度大，一般开合空载架空线路或电缆线路都不会产生危及电气设备的过电压。因此，标准中对于 72.5kV 以下的断路器开合空载架空线路的型式试验不是强制性的，但对用于电缆线路的断路器则应具备开合电缆充电电流的能力，对用于电容器组控制的断路器应具有开合单组电容器组和背对背电容器组的性能。下面主要对高压断路器开合电容器性能要求作一简单介绍。

高压断路器开合电容器组容性电流的基本原理和开合空载线路的情况基本相似，最大不同是线路是分布参数，电容器组是集中参数，从而造成关合电容器组的涌流要比关合空载线路的涌流频率高且电流大，还对断路器的开合性能将起着决定性的作用。电容器组用断路器必须具有良好的关合性能才能保证其开断性能。

图 3–8 为断路器开合单相电容器组的等值回路，其中 U_G 为交流电源，L_0 为电源内阻抗，C 为单相电容器组的总电容。实际运行中的补偿电容器组，为了限制合闸涌流和高频涌流的频率，在电容器组回路中均串入一个电抗器，其感抗值 X_L 一般取 6%的电容器组容抗值，所以涌流值 $I_{cm}=I_m\left(1+\sqrt{\dfrac{X_c}{X_L}}\right)=I_m\left(1+\sqrt{\dfrac{X_c}{\dfrac{6}{100}X_c}}\right)=I_m\left(1+\sqrt{\dfrac{100}{6}}\right)\approx 5I_m$，也就是它可以将涌流值限制在 5 倍额定工作电流峰值范围内。电抗值的增加也使得合闸涌流的频率 $f_c=\dfrac{1}{2\pi\sqrt{LC}}$ 值降低。实际使用中，串入电抗的数值可根据实际需要选择。

在变电站中，为了便于无功功率的调节和运行安全，一般将电容器分成若干组，

每组由一台断路器控制，各组并联连接，根据需要决定投入运行的组数，这种连接运行方式称之为背对背并联电容器组，如图 3–9 所示。由等值回路可以看出，假设有 n 组并联电容器组，并有 n–1 组已投入运行，当投入最后一组运行时，除电源产生的涌流外，其他所有已投入运行的电容器组都要对最后一组电容器充电，其涌流要比单组时有很大的增长，同时涌流的频率也会增高。背对背电容器组串入电抗对限制涌流及其频率效果会更为明显。

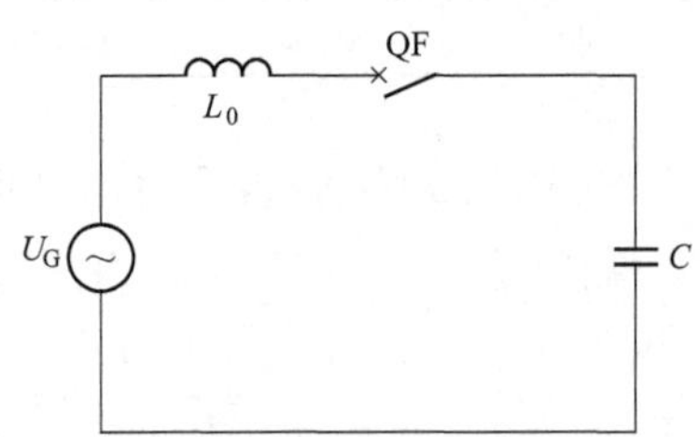

图 3–8　投切单相单组电容器组等值回路

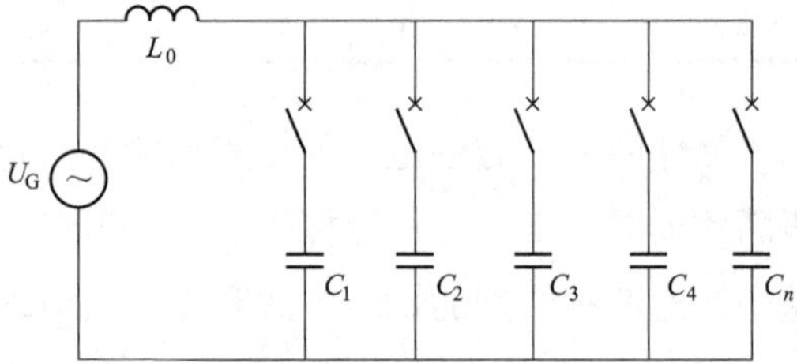

图 3–9　投切单相多组电容器组等值回路

实际运行的补偿用电容器组是三相的，电源和电容器组的中性点也不都直接接地，通常有两种典型的接线方式：① 电源和电容器组均为星形接法，且中性点均直接接地。这种情况下，每相形成各自独立的回路，其开断过程与单相时相同。② 电源为星形接法且中性点直接接地，电容器组也为星形接法，但中性点不接地，或者电容器组为三角形接法，但可以等效为星形接法。下面主要讨论这种接法的开断情况。

图 3–10（a）为断路器开合三相中性点不接地星形连接电容器组的等值回路，当三相断路器处于合闸位置时，三相电容器组中流过平衡的三相电流 i_A、i_B 和 i_C，它们各超前于其相电压 u_A、u_B 和 u_C 90°。当 A 相电流 i_A 过零时 C_A 被充电至电源电压峰值 $+U_m$，而 B、C 二相被充电至 $-0.5U_m$。如果此时 A 相断路器熄弧开断，则 C_A 电容器组将与 A 相电源分离，其上将保持有 $+U_m$ 的电压，而 C_B 和 C_C 二相串联在 u_{BC} 线电压作用下继续运行，此瞬间二相回路的电流为正常额定工作电流的 0.866 倍，且再过 90° 即 5ms 过零，同时此时中性点 O' 的电位将发生漂移，其值为 $0.5U_m$。A 相开断瞬间各相电容器组上的电压 $u_{AO'}$、$u_{BO'}$ 和 $u_{CO'}$ 分别为

$$
\begin{cases}
u_{AO'} = U_m \\
u_{BO'} = -\dfrac{1}{2}U_m + \dfrac{\sqrt{3}}{2}U_m\cos(\omega t - 90^\circ) \\
u_{CO'} = -\dfrac{1}{2}U_m - \dfrac{\sqrt{3}}{2}U_m\cos(\omega t - 90^\circ)
\end{cases}
$$

当 $\omega t = 90^\circ$ 时，三相电容器组上的电压及中性点电压分别为

$$\begin{cases} u_{AO'} = U_m \\ u_{BO'} = -\dfrac{1}{2}U_m + \dfrac{\sqrt{3}}{2}U_m \approx 0.37U_m \\ u_{CO'} = -\dfrac{1}{2}U_m - \dfrac{\sqrt{3}}{2}U_m \approx -1.37U_m \\ U_{O'O} = 0.5U_m \end{cases}$$

它们的对地电压分别为

$$\begin{cases} U_{AO} = U_{AO'} + U_{O'O} = 1.5U_m \\ U_{BO} = U_{BO'} + U_{O'O} = 0.87U_m \\ U_{CO} = U_{CO'} + U_{O'O} = -0.87U_m \end{cases}$$

当 i_{BC} 过零 B、C 二相断路器开断后，三相电容器上的电压，即 $U_{AO}=1.5U_m$、$U_{BO}=0.87U_m$、$U_{CO}=-0.87U_m$ 将维持不变，但是电源电压仍在继续运行，于是每相断路器断口间的恢复电压均为电容器上的电压与电源电压之和，最大值分别为A相 $2.5U_m$，B、C 相为 $1.87U_m$。从上述分析结果可以看出，对于首开极而言，无论是电容器组上的电压，还是断口间的恢复电压都比开断单相电容器组时高，这就要求其介质强度的恢复速度更快，否则将会增加重击穿的几率，同时也会产生更高的过电压。

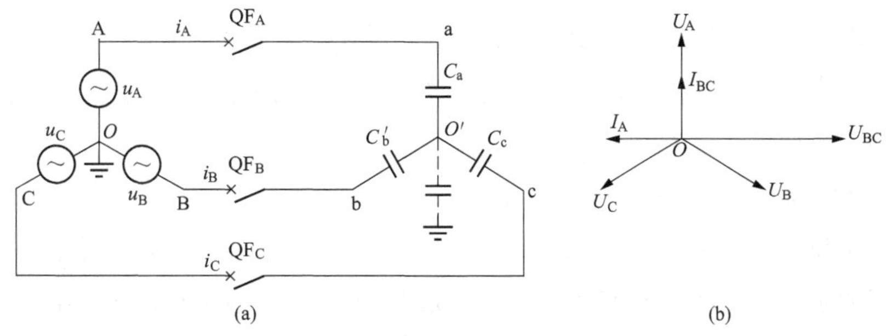

图 3–10　中性点不接地星形连接三相电容器组

（a）等值电路；（b）A 相首先开断后电压和电流矢量图

高压断路器开合电容器组电流应该具备两个性能：一是应该具有无重击穿或极少重击穿的性能，这是必需的，因为重击穿可能会损坏断路器和电容器，所产生的过电压会导致绝缘故障，影响系统的安全运行；二是要求具有一定的电寿命，这点对切合电容器组的断路器尤为重要，因为作为无功功率补偿的电容器组一般都要随着负荷的变化频繁进行投切，而投切电容器组对断路器影响最大的是关合高频涌流对触头的烧损，触头的严重烧损又会使其开断性能下降，最后导致多次重击穿。利用电容器组进行无功补偿已经普遍用于中压配电系统和超高压、特高压输电系统。高压断路器开合电容器组的电寿命性能显得更为重要，尤其是超高压和特高压输电系统，输送容量的不断变化要求断路器要具有优良的电寿命性能，而且对电寿命次数的要求越来越高。高压断路器切合电容器组的电寿命要求是电力系统几十年前就提出的要求，但苦于试验时间长、耗费大、国内外始终没有厂家进行过这种电寿命的试验。百万伏输电系统在我国的出现，变压器第三绕组装用的无功补偿 110kV 电容器组要随着输送容量的变化进行频繁操作，为此提出了对 110kV 电容器组用 126kV 断路器的电寿命试验要求。国家电网公司为了实现电容器组用开关电寿命试验，2010 年投资人民币近 3000 万元，在中国电力科学研究院建立了“特高压变电站大容量电容器组开关电寿命试验平台”，并开始对电容器组用开关设备进行研究性试验，为特高压变电站无功补偿用的开关设备提供电寿命试验依据。

（7）感性电流的开合性能。配电系统中，高压开关柜内的断路器可能需要开合的感性负荷有高压电动机、配电变压器、电炉变压器等。高压断路器开断感性小电流可能会发生操作过电压，主要是截流过电压、重击穿过电压和三相同时开断过电压。截流是高压断路器开断小电感电流时经常发生的开断现象，尤其是用真空断路器开断时，发生截流的概率非常高。截流过电压与回路特性、负荷状态和断路器的截流水平密切相关。抑制截流过电压的方法有两种，一种是使用截流水平较低的真空断路器，另一种是装用过电压保护装置，或者两种方法同时使用。常用的过电压保护装置有避雷器和阻容限压装置，避雷器只能限制过电压的幅值，它不能限制过电压的陡度，这对保护线圈类设备不利。阻容限压装置既可限制过电压的幅值，也可降低其陡度，限压效果好，但是装置的体积较大，且造价高。运行部门选用何种限制措施应根据具体情况而定。

2. 柜内高压负荷开关的开断和关合性能

中压负荷开关分为三类，即通用负荷开关、专用负荷开关和特殊用途负荷开关。不同类型的负荷开关装用在高压开关柜内后应该具有不同的开断和关合性能，适用于不同的使用场合。

负荷开关是能够在正常回路条件（可能包括规定的过载条件）下关合、承载和开断电流，并在规定的异常条件（如短路故障）下，在规定的时间内承载电流的开关装置。

通用负荷开关是能够关合和开断正常直至其额定开断电流的所有电流，并能承载和关合短路电流直至其额定短路关合电流的负荷开关。

专用负荷开关是具有额定电流、额定短时耐受电流以及通用负荷开关的一种或几种但不是全部开合能力的通用负荷开关。

特殊用途负荷开关是适用于下述一项或多项应用的通用或专用负荷开关：① 开关单个电容器组；② 开关背对背电容器组；③ 开关稳态和堵转条件下的电动机；④ 开合由并联的大容量电力变压器构成的闭环回路。

高压开关柜内装用不同类型的负荷开关应该具有不同的开合性能，其开合性能必须在与运行条件完全相同的安装状态下进行试验考核，这与装于开关柜内的断路器的开合性能试验要求相同。

（1）短路关合性能。运行中的高压负荷开关在合闸投入运行时可能合闸到三相处于短路状态下的负荷回路上，因此它应该具有三相短路关合能力。对电气寿命级别不同的负荷开关，要求的关合能力不同，对于 E1 级的负荷开关要求在额定电压 U_r 下能够关合二次额定短路电流，E2 级负荷开关为 5 次，E3 级负荷开关为 5 次，短路关合试验的要求与高压断路器的试验相同。

（2）开断性能。高压开关柜内的负荷开关主要就是担负着各种负荷的工作电流的开合任务。根据不同的负荷，它应具有功率因数至少为 0.75 的有功负荷回路、空载变压器回路、电缆和架空线路充电电流、配电线路或电力变压器并联的闭环回路，以及电容器组和电动机的开断能力，同时还应具有在接地故障条件下、在中性点绝缘系统中的单相容性短路电流或健全相充电电流的开断能力。应用在负荷开关–熔断器组合电器中的负荷开关还应具有开断交接电流和转移电流的能力。不同电寿命级别的负荷开关开断各种负荷电流时要求的操作循环次数不同，不同的负荷电流对试验电压和试验电流的要求不同。

配电系统中使用负荷开关的目的是要使其能够满足对负荷电流的频繁操作，而对此项开断性能的要求恰恰在负荷开关的标准中没有。电力系统对于负荷开关开合性能的要求不只是各种负荷电流的开断能力，更重要的是能够达到满意的开断次数，即电寿命次数。

3. 柜内高压接触器的开断和关合性能

高压接触器主要是用于需要频繁操作的电动机回路。高压开关柜内装用的高压接触器或启动器应能开断直到其最大开断能力的负荷电流，并具有关合规定的半波允通电流的能力。高压接触器为用于不同的负荷工况而设计有不同的使用类别，不同的使用类别应具有不同的额定关合和开断性能、机械性能和电寿命。

作为主要开合电动机回路的高压接触器，开断时由于截流而产生过电压的问题应引起特别重视，除应采用前述真空断路器采用的过电压保护措施外，还可采用 AgWC 或 CuWTe 触头材料，以降低截流值，从而降低操作过电压。

（1）关合性能。高压接触器或启动器的关合能力，是指在规定的关合条件下，能够关合导电回路至稳定状态时的电流值，在关合过程中不应发生熔焊、触头过度烧蚀或影响正常运行的状况。关合电流用交流分量有效值表示。额定短路关合能力与额定工作电压、额定工作电流以及使用类别有关。实际使用时，接触器关合的电流应在确定其关合能力的电流的交流分量范围内，可以不考虑直流分量的数值，但

应在规定的功率因数范围内。

（2）开断性能。高压接触器或启动器的开断能力是在规定的开断条件和额定电压下，接触器或启动器能够开断且不产生过度的触头烧蚀或过分明显的火光所确定的电流值，其值用电流的交流分量有效值表示。开断电流与额定电压、额定工作电流及使用类别有关。

高压接触器应能开断不超过其最大开断能力的任何负荷电流值。

如果接触器或启动器具有最小开断电流，生产厂家应规定其大小和功率因数。

高压接触器的电寿命是指在标准给定的工作条件下，允许对负荷进行连续开关的操作循环次数，在电寿命试验期间不得修理或更换零件。电寿命次数由生产厂家规定，典型的高压真空接触器的电寿命一般要求达数十万次。由于高压接触器的电寿命次数非常之大，进行完整的电寿命试验代价太高，所以标准把电寿命试验定在特殊的型式试验中，并且，只需进行足够的试验以提供一条能够可靠外推的磨损曲线来证明。

（3）电动机的开合性能。高压接触器在电力系统中主要是用来与熔断器组成组合电器后进行异步电动机的开合控制，一般是在现场进行其开合性能的考核，电动机的容量一般为300～500kW，其过电压倍数应不大于2.5。

4. 柜内负荷开关–熔断器和接触器–熔断器组合电器的开断和关合性能

将负荷开关或接触器与熔断器和撞击器装于高压开关柜内，使之成为组合电器，熔断器用于保护负荷回路的短路故障，并且其额定短路电流值可超过单独使用负荷开关时的短路电流额定值。撞击器既是为依靠熔断器的动作使负荷开关（或接触器）自动分闸，又可以在故障电流大于最小熔化电流而小于熔断器最小开断电流时使之正确动作。除撞击器外，组合电器也可安装过电流脱扣器或者并联脱扣器。负荷开关–熔断器组合电器的关合和开断性能包括关合短路电流、开断短路电流、开断交接电流和开断转移电流4项要求。由于接触器的极限开断电流值大于接触器–熔断器组合电器的转移电流值，所以接触器–熔断器组合电器的关合和开断性能只包括关合短路电流、开断短路电流、开断交接电流3项要求。

（1）转移电流和交接电流。转移电流和交接电流是接触器–熔断器组合电器和负荷开关–熔断器组合电器职能转换和两种过电流保护装置的时间–电流特性交汇时的电流值。

负荷开关或接触器–熔断器组合电器中的负荷开关和接触器的保护分闸有两种操作方式，即由脱扣器操作和由熔断器撞击器操作。脱扣器操作是在过载条件下，由过电流保护装置触发脱扣器使接触器和负荷开关分闸。熔断器撞击器操作是在某一相熔断器熔断后，由撞击器触发脱扣器使接触器或负荷开关分闸。由二次保护装置反时限（或分段式反时限）保护曲线决定的保护分闸，与由高压限流熔断器时间–电流特性曲线决定的保护开断，两者之间存在一个交接区域，如图 3–11 中的阴影部分。这个区域的电流称为交接电流。组合电器中的熔断器负责短路电流的开断，当电流大于某值时，由熔断器开断稍小于此值时，首先开断极中的电流由熔断器开断，而后两相电流则由负荷开关或熔断器开断。至于由谁开断，取决于熔断器的时间–电流特性的偏差以及由熔断器触发的负荷开关的分闸时间，如图 3–12 所示。由负荷开关开断的电流称之为转移电流。

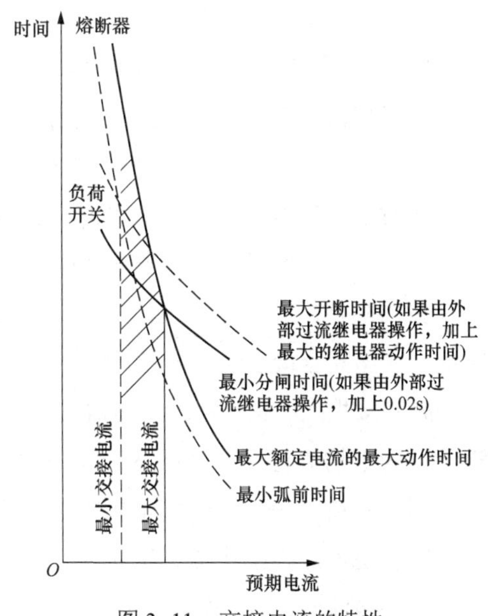

图 3–11 交接电流的特性

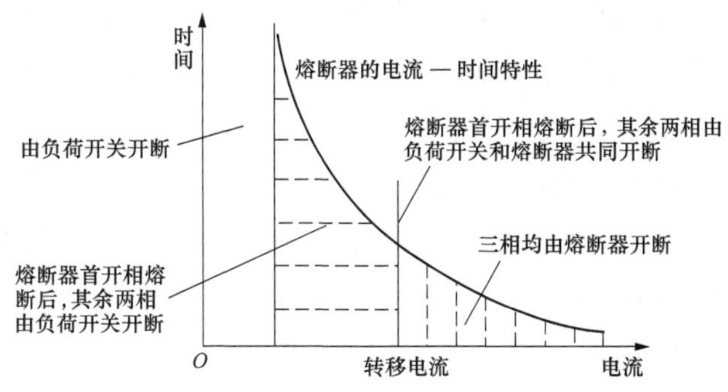

图 3–12 未设分励脱扣器的负荷开关–熔断器组合电器开断职能分配

1）交接电流。如图 3–11 所示。对熔断器分别绘出组合电器所配熔断器最大额定电流的最大动作时间和最小弧前时间两条曲线，对负荷开关（或接触器）分别绘出最大开断时间和最小分闸时间两条曲线，如图可以分别得到最大交接电流和最小交接电流。

组合电器的额定交接电流应大于最大交接电流。

2）转移电流。实际上，组合电器三相熔断器的时间–电流特性存在分散性，过载或短路工况下回路各相的电流也不完全平衡。所以，在回路故障条件下，一般是组合电器中的一相熔断器首先熔断（首开相），启动撞击器，撞击负荷开关分闸机构，负荷开关自动分闸。这种撞击器操作的分闸，分以下 3 种情况：

a. 熔断器首开相开断后，负荷开关在撞击器作用下断开时，其余两相电弧尚未

熄灭，负荷开关将负责开断后两相电流。即电流开断由熔断器转移到负荷开关执行。

b. 当电流足够大，三相熔断器时间–电流特性的差异和各相电流不平衡度足够小时，熔断器的灭弧时差小于撞击器触发的分闸时间，短路电流全部由熔断器开断。

c. 在某一三相电流，三相熔断器的动作时差与撞击器触发的负荷开关分闸时间相等时，负荷开关将和其余两相熔断器同时开断剩下的两相电流。

其中，第一和第三种情况即为转移电流开断，如图 3–12 所示。

在实际使用时，转移电流的确定方法是，用 0.9 倍的熔断器触发负荷开关分闸时间，在熔断器最小弧前时间–电流特性曲线上所对应的三相电流值。熔断器触发的分闸时间按生产厂家规定的熔断器触发分闸时间的下限值。熔断器厂提供的时间–电流特性为平均值特性，可以从平均曲线下移 6.5%得出最小时间–电流特性曲线。

同一负荷开关，配用不同额定电流规格的熔断器，承担开断的转移电流也不同。额定转移电流是指配用最大额定电流熔断器的转移电流值。SF_6 和真空负荷开关的额定转移电流较高，12kV 产品可达 1500～3150A，产气式和压气式负荷开关的额定转移电流只为 800～1200A。

（2）高压熔断器开断和关合最大 I^2t 的预期电流的性能。熔断器是一种简易而高效的电气设备保护电器，用以切断规定条件下的过载或短路故障电流，防止故障扩大，保护电气回路安全。如今，在 6～35kV 系统中，高压限流熔断器的使用十分广泛。限流熔断器相比其他保护设备，具有显著优势，例如，结构简单，不需二次控制电源，可装在户内外任意场所；开断电流大，开断时间短，如限流型普遍达到 50kA，开断时间在 10ms 以内；可靠性高，不需维护；造价低，尤其因截流特性，可减少电缆和导线的截面积，经济效益十分显著。

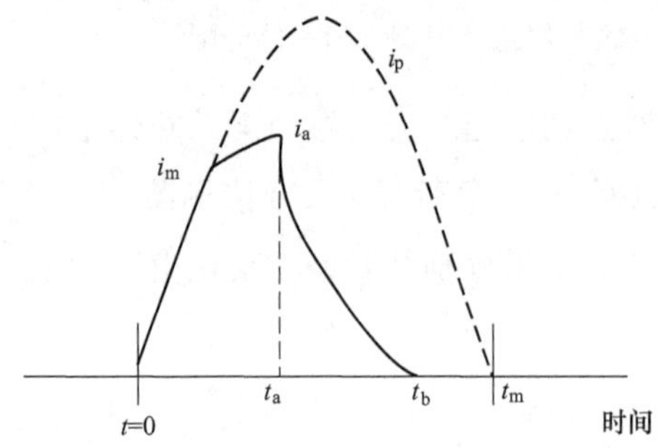

图 3–13　限流熔断器开断电流特性示意图

i_p—预期电流曲线；i_m—熔丝熔化瞬时电流；i_a—起弧瞬时电流；t_a—起弧瞬时时刻；t_b—电弧熄灭时刻；t_m—预期电流的半波时间

1）限流熔断器的开断过程。限流熔断器，在瓷管内往往充满石英砂，利用熔体的形状和其他技术措施，起到快速消弧和限流的作用，使其在规定的电流范围内动作时，由于自身功能将电流限制到显著低于预期电流峰值的一种熔断器。

限流熔断器的工作过程如图 3–13 所示。虚线 i_p 为预期电流曲线，即假设限流熔断器被短接时的短路电流波形，半波时间为 i_m，实线所示为回路中串入限流熔断器时的短路电流波形，由于限流作用，短路电流最大值（起弧瞬时电流）i_a 将低于预期电流 i_p 的峰值，t_b 为熔断器开断

电流电弧熄灭时间。

2）限流熔断器 I^2t 特性。限流熔断器的开断特性由时间–电流特性和 I^2t 特性两部分参数构成，时间–电流特性用以描述开断时间大于 0.1s 范围内的预期电流与开断时间的关系，而 I^2t 特性是表达当预期电流使得熔断器在低于 0.1s 内动作时开断性能的参数。

I^2t，即为焦耳积分，基本定义如下式所示，是在给定时间间隔内的电流平方的积分。

$$I^2t=\int_{t_0}^{t_1}i^2\mathrm{d}t$$

生产厂家应对预期电流有截止特性的熔断器，给出弧前 I^2t 和动作 I^2t 两个参数。弧前 I^2t 为熔断器弧前时间内 I^2t 的积分，应是在使用中可能经受的最低值。动作 I^2t 为熔断器动作时间内 I^2t 的积分，应是在使用中可能经受的最高值，是在规定电压、频率和功率因数试验条件下获得的。

熔断器的 I^2t 特性，除反映了其预期开断电流分断能力外，还可用以确定系统中熔断器之间或与其他保护电器（如断路器）的保护选择性配合的级差关系。

XRNT2–12/10～63–50 型全范围保护限流熔断器的 I^2t 特性见表 3–6。

表 3–6　XRNT2–12/10～63–50 型全范围保护限流熔断器的 I^2t 特性

额定电流（A）	额定开断电流（kA）	I^2t	
		弧前（A^2s）	熔断（A^2s）
63	50	5.1×10^3	5.4×10^4
50	50	6.8×10^3	5.6×10^4
40	50	3.8×10^3	3.8×10^4
31.5	50	2.5×10^3	2.5×10^4
25	50	1.3×10^3	1.5×10^4
20	50	7.7×10^2	1.1×10^4
16	50	3.4×10^2	6.1×10^3
10	50	2.2×10^2	4.7×10^3

（3）负荷开关–熔断器和接触器–熔断器组合电器的应用。组合电器使用高压限流熔断器完成短路电流的开断，具有限流和开断短路电流动作时间快的特点，回路电流在远未达到额定预期峰值电流和开断电流以前即被迅速切断，这样对电动机及变压器的保护更为有利，其快速动作特性还可减少故障对电网的影响。

组合电器用于控制和保护变压器时，同时考虑与变压器二次侧保护的配合的合

理性问题，转移电流配合应符合以下原则

$$I_t \leqslant I_{tr}, \quad I_s < I_t$$

式中 I_t ——组合电器选定特定规格熔断器后与负荷开关配合的转移电流；

I_{tr} ——组合电器的额定转移电流；

I_s ——变压器二次侧出口短路电流（折算到高压侧）。

组合电器开关柜内高压限流熔断器的额定电流选择，应考虑受开关柜内散热条件因素需要降容的问题，一般按至少增加15%裕度来选择。

（4）限流熔断器的应用。高压交流限流熔断器按保护特性可分为：后备保护、一般用途保护和全范围保护 3 大类。高压后备保护熔断器的设计只考虑保护短路故障，故不适合过载保护；一般用途保护熔断器除保护短路故障外，尚具有一定范围的过载保护；高压全范围保护熔断器不但保护短路故障电流，同时能保护大于额定电流的任何过载故障电流。

1）高压后备保护熔断器。最为常用，如用负荷开关配合，组成负荷开关–熔断器组合电器。它主要用来保护从熔断器最小开断电流至额定开断电流范围内的短路电流，而用负荷开关开断过载电流。

2）一般用途（G 型）保护高压熔断器。可以有效开断从 1h 熔化电流至最大开断电流范围内的所有短路电流。

3）高压全范围保护熔断器。可以有效开断从最小熔化电流至最大开断电流之间的所有电流。按保护对象分类，高压熔断器可分为：T 型—保护变压器用；M 型—保护电动机用；P 型—保护电压互感器用；C 型—保护电容器用等。

在分断电流特性方面，普通的限流熔断器最小分断电流和最小熔化电流之间有一个小区间，在这个区间里，它不能有效地分断电流，甚至有可能引起熔断器的爆炸，并且这个小区间还会因为熔断器降容使用而进一步变宽，从而导致了普通限流熔断器必须依赖开关或其他组合电器来分断这个区间的电流。而 F 系列的全范围保护熔断器则不存在这个小区间，因此它可以不需要与其他电器组合。

在保护特性方面，F 系列全范围保护熔断器有更大的耐受变压器浪涌电流的能力，并且与变压器的过负荷耐受曲线更为接近，F 系列全范围保护熔断器的安全方式与选用原则同普通限流熔断器一样，其区别仅在于可不考虑最小分断电流值的选用，由于其耐受变压器浪涌冲击电流的提高，故可适当选小一些容量来保护同样容量的变压器。

单纯的熔断器保护并不充分，需要与高压负荷开关或接触器配合使用，才能满足对设备全面控制和保护的要求。

六、内部电弧故障的防护性能

高压开关柜内部发生电弧故障会引起内部压力陡升和局部过热，进而对设备产生机械的、热的应力，会使有机材料分解，可能向柜外排放气体或蒸汽。IAC级（内部电弧故障级）高压开关柜，应具有规定等级的对内部故障电弧引起的压力和热效应的防护和耐受能力，以保证可能在设备附近进行操作或巡视人员的安全。

IAC级开关柜一般要求为主母线室、手车室和电缆室内的电弧故障电流为额定短路电流，持续时间至少0.5s。

开关柜在设计时应充分考虑限制内部电弧故障的防护措施，例如：

（1）开关柜壳体、门铰链、锁具等应有经计算所确定的机械强度，能够抵御内部电弧所产生的内部过电压的作用。

（2）开关柜的各隔室应能限制电弧的燃烧范围，发生内部电弧时不会影响相邻隔室或相邻开关柜。

（3）除继电器室外，在断路器室、母线室和电缆室均应设有排气通道和泄压装置，当产生内部故障电弧时，泄压通道应能自动打开，释放内部压力，压力排泄方向为无人经过区域。

（4）现场安装应保证所有盖板、门的铰链、固定螺栓都应按生产厂家规定紧固到位，特别是压力释放盖板应按照生产厂家规定的方式固定，不得采取任何其他的附加固定措施。

随着技术的发展，弧光保护装置作为减小内电弧故障危害的防护措施已有应用。弧光保护装置通过光传感器感知内部电弧，用快速接地开关自动迅速地将母线接地，从而限制电弧的进一步发展，并通过母线断路器断开故障。

七、高压开关柜用互感器、避雷器和电缆等元件的技术要求

电流互感器、电压互感器是隔离高电压，供继电保护、自动装置和测量仪表获取一次电量信息的传感器。总的来说，电流互感器、电压互感器应满足继电保护、自动装置和测量仪表的要求。高压开关柜内使用的电流互感器、电压互感器，从类型上基本为电磁式原理、干式环氧树脂浇注形式，近年来在智能变电站内的开关柜有部分使用电子式原理的产品。

1. 测量和保护用电流互感器

（1）主要技术参数。

1）额定电压。按开关柜使用系统的标称电压有3、6、20、35kV，绝缘水平应不低于开关柜的绝缘水平。

2）额定一次电流。电流互感器的额定一次电流由电力工程的实际负荷来决定，一般情况下按负荷电流乘以1.2～1.25的系数来确定互感器的额定电流。

3）额定二次电流。分为5A和1A，一般来说在电量传输距离较远及弱电系统中选择1A。

4）额定负荷。额定负荷为额定二次电流通过二次侧额定负荷时所消耗的视在功率。可以用视在功率（VA）表示，也可以用二次侧额定负荷阻抗（Ω）表示。互感器的额定负荷，应根据二次侧测量和保护回路和装置的阻抗合理选择。

额定负荷是决定互感器准确级、外形尺寸和成本的关键参数。

对于测量级绕组，国标规定测量准确级误差限值是在二次侧负荷为25%～100%额定负荷内，分别在5%、20%、100%和120%（特殊用途电流互感器还包括1%点）的额定一次电流下试验确定值。这样，当使用中二次侧负荷超出这个范围，不能保证其误差在相应准确级误差限值范围内，特别是当实际负荷小于25%额定负荷时，互感器的实际误差可能要超出限值。

另外，测量级一般还有仪表保安系数（FS）的要求，如FS为5。国标规定，FS只是在额定二次侧负荷下保证的。对于已制成的互感器，其仪表保安系数与二次侧负荷成反比关系。因此，当运行时负荷小于额定负荷，实际的仪表保安系数就会增大，超出FS规定值。

对于保护用绕组，实际负荷小于额定负荷对继电保护是有利的，但额定负荷过大会使互感器的体积和成本增大而不经济。由于测量仪表和保护装置的进步，电流互感器二次侧负荷阻抗减小，从而对保护更为有利。同时，电力系统中已普遍采用微机综合保护装置，这种保护装置将电流互感器的二次侧输出电流由模拟量转换为数字量后，采样并按照一定算法运算后由内部软件程序控制启动跳闸出口来进行保护，因为计算机保护装置的二次电流输入端的阻抗很小，所以对电流互感器的二次侧输出容量可要求得更小。

5）额定短时热电流。电流互感器的额定短时热电流表示的是耐受时间为1s的电流，在用于开关柜时，按等值I^2t折算到3s，与回路短路电流比较进行热稳定校验。

6）额定动稳定电流。作为对电流互感器内部动稳定的校验，开关柜回路中可能的最大短路电流峰值，应小于额定动稳定电流。

作为外部动稳定验证，以装于开关柜内，并与开关柜一并完成峰值耐受电流考核的外部母线连接和支撑作为依据。

7）准确度等级。表示互感器本身误差的等级。电流互感器的准确度等级分为0.001～1多种级别。用于发电厂、变电站、用电单位配电控制盘上的电气仪表一般

采用 0.5 级或 0.2 级；用于设备、线路的继电保护一般不低于 1 级；用于电能计量时，依据被测负荷容量或用电量多少的规程要求来选择。

互感器的误差包括比差和角差两部分。

比差：比值误差简称比差，一般用符号 f 表示，它等于实际的二次电流与折算到二次侧的一次电流的差值，与折算到二次侧的一次电流的比值，以百分数表示。

角差：相角误差简称角差，一般用符号 δ 表示，它是旋转 180° 后的二次电流向量与一次电流向量之间的相位差。规定二次电流向量超前于一次电流向量 δ 为正值，反之为负值，用分（′）为计算单位。

8）10%倍数。在指定的二次侧负荷和任意功率因数下，电流互感器的电流误差为–10%时，一次电流对其额定值的倍数。10%倍数是与继电保护有关的技术指标。

（2）一般技术要求。

1）互感器技术参数必须满足开关柜安装场所运行工况的要求。

2）应选择符合开关柜周围使用环境条件的电流互感器，如海拔、湿度等条件。

3）柜内电流互感器应允许在开关柜额定电流下长期运行。

4）开关柜内的电流互感器在出厂前必须做伏安特性筛选，同一柜内的三相电流互感器伏安特性应相匹配。

5）电流互感器二次侧严禁开路，备用的二次绕组也应短接接地。

2. 电压互感器

（1）主要技术参数。

1）一次侧额定电压。应满足开关柜使用场合电网电压的要求，其绝缘水平能够承受电网电压长期运行，以及承受可能出现的规定的雷电过电压、操作过电压及单相接地方式下的电压。

开关柜内用于三相系统相间的单相互感器，其额定一次电压分别有 6、10、15、20、35kV，接在三相系统相与地之间或中性点与地之间的单相电压互感器，其额定一次电压为上述额定电压的 $1/\sqrt{3}$。

2）二次侧额定电压。电压互感器的二次电压标准值，对接于三相系统相间电压的单相电压互感器，二次侧额定电压为 100V。对接在三相系统相与地间的单相电压互感器，当其额定一次电压为某一数值除以 $\sqrt{3}$ 时，其额定二次电压必须为 $100/\sqrt{3}$ V，以保持额定电压的比不变。

接成开口三角的剩余电压绕组的额定电压与系统中性点接地方式有关。在我国，高压开关柜用于 3～35kV 中性点不接地系统，电压互感器剩余电压绕组额定二次电压为 100/3V。

电压互感器的变比也是一个重要参数，当一次侧额定电压与二次侧额定电压确定后，其变比即确定。电压互感器的额定变比等于一次侧额定电压与二次侧额定电压的比值。

3）二次侧额定输出容量。电压互感器的二次绕组及剩余电压绕组的二次侧额定输出容量，其要求为在二次侧负荷功率因数等于 0.8（滞后）、负荷容量不大于额定输出容量的条件下，电压互感器能保证的幅值与相位的精度。

电压互感器应另规定极限输出容量，其含义为在 1.2 倍额定一次电压下，互感器各部位温升不超过规定值，二次绕组能连续输出的视在功率值（此时互感器的误差通常超过限值）。

在选择电压互感器的二次侧输出容量时，首先要对电压互感器所接的二次侧负荷进行统计，计算出各台电压互感器的实际负荷，然后再选出与之相近并大于实际负荷的标准的输出容量，并留有一定的裕度。

4）准确度等级。电磁式电压互感器由于励磁电流、绕组的电阻及电抗的存在，当电流流过一次绕组及二次绕组时要产生电压降和相位偏移。使电压互感器产生电压比值误差（以下简称比误差）和相位误差（以下简称相位差）。

电压互感器电压的变比误差和相位误差的限值大小取决于电压互感器的准确度等级。对于测量用电压互感器的标准准确度等级有：0.1、0.2、0.5、1.0、3.0 5 个。

满足测量用电压互感器的电压误差和相位误差有一定的条件，即在额定频率下，其一次电压为 80%～120%额定电压间的任一电压值，二次侧负荷的功率因数为 0.8（滞后），二次侧负荷的容量为 25%～100%。

继电保护用电压互感器的标准准确度等级有 3P 和 6P 2 个。由于使用条件与目的不同，满足继电保护用电压互感器的电压误差和相位误差的条件与测量的有所不同，其要求除额定频率下，二次侧负荷的功率因数为 0.8（滞后），二次侧负荷的容量为 25%～100%外，其保证精度的一次电压范围为 5%额定电压到额定电压因数相对应的电压下，3P 与 6P 的误差限值相同，在 2%额定电压下的误差限值为 5%额定电压下的 2 倍。

（2）额定电压因数。电压因数是由最高运行电压决定的，而后者又与系统及电压互感器一次绕组的接地条件有关，表 3–7 列出了与各种接地条件相对应的额定电压因数标准值及在最高运行电压下的允许持续时间。

表 3–7　　额定电压因数标准值及在最高运行电压下的允许持续时间

额定电压因数标准值	允许持续时间	一次绕组接法和系统接地方式
1.2	连续	任一电网的相间； 任一电网中的变压器中性点与地之间

续表

<table>
<tr><th>额定电压因数标准值</th><th>允许持续时间</th><th>一次绕组接法和系统接地方式</th></tr>
<tr><td>1.2</td><td>连续</td><td rowspan="2">中性点有效接地系统中的相与地之间</td></tr>
<tr><td>1.5</td><td>30s</td></tr>
<tr><td>1.2</td><td>连续</td><td rowspan="2">带自动切除对地故障装置的中性点非有效接地系统中的相与地之间</td></tr>
<tr><td>1.9</td><td>30s</td></tr>
<tr><td>1.2</td><td>连续</td><td rowspan="2">不自动切除对地故障的中性点非有效接地系统中的相与地之间</td></tr>
<tr><td>1.9</td><td>8h</td></tr>
</table>

（3）一般技术要求。

1）电压互感器的运行电压不超过其额定电压的 110%（宜<105%）。运行中不得造成二次侧短路。

2）6～35kV 电压互感器保护用高压熔断器额定电流一般选为 0.5A，二次侧熔断器的额定电流一般为 6A。

3）6～35kV 电压互感器带单相接地故障运行的时间一般不超过 2h。

4）开关柜内三相电压互感器的励磁特性应一致。

3. 避雷器

现在，高压开关柜内安装使用的避雷器，基本上是金属氧化物避雷器，主绝缘结构采用复合绝缘形式。高压开关柜内设置的避雷器除用于变电站母线保护外，还由于真空断路器开断感性负荷电流可能产生的过电压问题，而在控制电动机、变压器等负荷的开关柜的馈线侧需装设与相应负荷保护所需的避雷器，负荷保护用避雷器可选择分相设置，也可选择三相组合结构形式。

（1）主要技术参数。

1）持续运行电压。允许持久地加在避雷器端子间的工频电压有效值。

2）额定电压。施加到避雷器端子间的最大允许工频电压有效值，按此电压设计的避雷器，能在所规定动作负荷试验中确定的暂时过电压下正确地动作。

标准定义的额定电压是避雷器在动作负荷试验中，大电流或长时间持续冲击电流之后施加的 10s 运行电压，是避雷器运行特性的一个重要参考参数。

3）直流 1mA 参考电压。避雷器端子间施加直流电压，当避雷器直流参考电流为 1mA 时，测量的直流参考电压。在运行监督中，其值的变化用以评价避雷器阀片的状态。

4）额定频率。避雷器设计使用的电力系统的频率。

5）额定短路耐受电流。当避雷器发生故障时，通过的短路电流不应引起粉碎性爆破。避雷器的短路电流试验性能与其结构和安装点的短路电流有关。

6）标称放电电流。高压开关柜内使用的避雷器 8/20μs 标称放电电流，配电用选择 5kA，电动机负荷保护用选择 2.5kA。

7）避雷器的残压。放电电流通过避雷器时其端子间的最大参考电压峰值。柜内 3～35 当波形为 8/20μs，5kA 冲击电流流过避雷器时避雷器两端的电压降，以幅值表示。此残压为避雷器雷电放电时加于并接的被保护设备上的电压。

（2）一般技术要求。

1）避雷器的外绝缘应按高压开关柜实际使用环境条件修正选择，如考虑海拔、湿度等因素。

2）避雷器额定电压的选择，需要考虑自身工频电压耐受时间特性、中性点非接地系统的暂时过电压特性的影响，真空断路器、接触器回路负荷侧保护用避雷器还应考虑操作过电压及负荷保护特性要求等因素。

3）避雷器的接地线应直接连于开关柜的接地导体上，截面积应大于 $16mm^2$。

4. 电缆

与电缆连接是常见的高压开关柜进、出线方式。

对于空气绝缘高压开关柜，应设置电缆室，并按回路电流设置足够的搭接头供与电缆连接，电缆头的选用和制作应符合绝缘和载流的要求。电缆室的内电缆搭接板的高度和位置，需便于现场电缆搭接头的安装和施工，一般开关柜电缆搭接板的高度应大于 700mm。电缆室可装设其他元件，但应方便进行电缆测试等现场运行维护工作。

对气体绝缘密封型开关柜，电缆连接需使用专门设计的电缆终端，一般分为内锥型和外锥型，应按电缆终端制作工艺进行制作和安装。

八、对控制和保护装置的技术要求

1. 高压开关柜二次回路的概念

高压开关柜二次回路，由一系列二次控制、保护和辅助设备互相连接构成，用来监测、控制、指示、调节和保护一次系统的运行。二次回路也称为二次系统、二次接线。

高压开关柜二次回路，按电源性质可分为交流回路和直流回路，按功能用途可分为电流回路、电压回路、测量回路、保护回路、控制回路、信号回路、辅助回路和操作电源回路等。

2. 一般性技术要求

（1）分、合闸装置和辅助、控制回路的额定电源电压。分、合闸装置和辅助、控制回路的额定电源电压为，当设备操作时在其回路端子上测得的电压，不包括由

端子连接到电源的导线的压降。常用的额定电压有：

DC：48、110、220V；

AC：三相220/380V、单相220V。

分、合闸装置和辅助、控制回路的额定电源电压的允差为85%～110%。按照电力行业标准，并联脱扣器应能满足：在额定电源电压85%～110%时可靠合闸、65%～110%时可靠分闸、30%及以下时不动作。

（2）辅助、控制回路的额定绝缘水平。额定绝缘水平：标准大气条件下，工频耐压2000V、1min。

（3）辅助、控制回路的载流和温升。辅助、控制回路及其元件在规定工作条件下，相关功能和结构点的温升的许可值应满足GB/T 11022—2011中4.2.2的规定。

3. 使用条件

有关二次设备、回路的外壳应使用能够耐受机械、电气和热效应的应力，以及可能在正常运行条件下出现的凝露的材料制造，并与开关柜具有相同的耐腐蚀水平。

4. 防护

（1）安装在柜内的二次设备应与主回路隔离，对来自主回路的破坏性放电予以防护。二次回路的接线，除互感器等端子上短引线外，应通过接地的金属隔板（管）与主回路隔离。

（2）运行中由于操作、调节和控制而需要触及的辅助和控制回路的元件（如照明灯、操作元件等）的设置，不应有直接接触高压部件的可能。

5. 安装

正常分闸、合闸和紧急分闸的执行器应安装在0.4～2m范围内，指示装置应位于易被读取的位置。

6. 标识

柜内元件应清晰标识，且应该和接线图、电路图的指示一致。如果元件是插入式的，则元件和固定部分（元件的插入位置）上应有确认标记。

通过编号、颜色或符号，对导体进行标识。导体的标识应与接线图、线路图和用户的技术要求一致。该标识可以限定到导体的端头。

7. 辅助和控制回路元件

（1）元件的选择。二次回路的控制、保护、辅助元件的选择，技术性能应符合各自元件标准、技术条件规定和开关柜控制保护功能的要求。如对主回路的测量保护装置应根据主回路负荷的形式和参数、开关柜的功能来选择和设定，如选择线路保护、电动机保护、电容器保护、母线联络保护等功能不同的保护装置等。二次小母线引入柜内后各回路设置的控制保护用微型断路器，同时应选择适当的额定电流

和保护曲线形。

二次元件的选择和安装，还应考虑在可预见的异常使用条件、误动作和故障下，元件和回路产生过多热量，以及在正常工作条件和故障条件下部分元件分断触点电弧的影响，导致火灾的可能性，并进行限制和防护。

（2）电缆和电线。应根据需要承载的电流、电压降、电流互感器的负荷、电缆需要承受的机械应力和绝缘的类型来选择。对于外部接线的连接，应提供适当的连接装置，例如端子排、插头等。

两个端子排之间的电缆不得有中间接头或焊接，应在固定的端子处连接。

接线应考虑与加热元件的距离。

连接到盖板或门上的器件和指示装置的导体的安装应能不因这些门或盖板的运动而对导体产生任何机械损坏。

一个端子上连接的数量不应超过其设计的最大值。

（3）端子。用于连接外壳内元件的端子排应根据所用导体的截面来选择。

端子的尺寸和接触压力，应能保证回路额定电流载流及耐受规定的短路电流。

（4）辅助开关。辅助开关应能准确、可靠地进行电路的转换，并满足开关装置规定的机械操作寿命要求。

和主触头联动的辅助开关，在两个方向都应是正向驱动的。

（5）辅助和控制触头。辅助触头动作特性等级见表 3–8。

表 3–8　　辅助触头动作特性等级

等级	额定连续电流	额定短时耐受电流	开断能力	
			额定电压≤48V	110V≤额定电压≤250V
1	10A	100A/30ms		440W
2	2A	100A/30ms		22W
3	20mA	1A/30ms	50mA	

辅助和控制触头应适合既定的工作方式，满足环境条件、关合和开断能力以及辅助和控制触头动作时序与主设备动作的关系要求。

辅助和控制触头应与柜内开关装置规定的电气和机械操作循环的次数相适应。

（6）辅助和控制触头以外的触头。由辅助和控制回路中继电器、接触器、低压开关等元件驱动的触头，由各元件标准规定。

（7）计数器。计数器在使用环境条件下，应能准确可靠地记录开关设备的操作次数。

（8）照明。为便于柜内观察，应考虑在隔室设置适当的照明。

（9）线圈。脱扣器线圈等应满足绝缘耐受和在规定工作条件下的温升等方面的要求。

并联脱扣器是为特别用途而设计的。由于并联脱扣器还没有IEC标准，它们应满足相关的设备标准的要求。

（10）计算机综合保护装置。计算机综合保护装置的具体保护和控制功能应按照高压开关柜的负荷形式（如电动机、线路、电容器组）和功能形式（变电站进线、联络、主变压器低压侧保护）的不同而配置有相应的保护和控制功能，基本性能应满足：

1）装置可靠，组网灵活，开放性好。

2）根据需要，应具备电流和电压测量功能。

3）上位监控系统和通信的任何故障不应影响微机保护正常运行。

4）具有良好的人机界面，能显示故障信息内容（故障类型、故障时间、故障值等），以方便查询。

5）计算机保护装置应具有在线自动检测功能，装置中任一元件损坏时，不应造成保护误动作，且能发出装置异常信号。

6）计算机保护装置应具有SOE事件记录功能，所有SOE事件（包括保护动作、开关输入量变位事件）不但能通过通信上传至后台监控主机，而且能通过保护装置显示面板进行查询。

7）在面板设有现场维护接口（RS232或其他），故障信息也可通过便携式计算机就地获取，保护装置内部逻辑可就地编程及定值设定。

8）保护装置面板具有多个LED指示灯，能指示各种信号状态和报警或故障信息。

9）具有良好的逻辑编程功能，能根据电流、电压的测量值及逻辑输入，完成要求的逻辑功能。

高压开关柜的试验

第一节 型 式 试 验

一、概述

高压开关柜的型式试验是为了验证所设计和制造的样机是否符合高压开关柜标准和实际运行工况的要求，以确定其能否定型生产和实际使用。型式试验的样机应包括装用在开关柜内的所有元件及其所配用的操动机构、其他辅助和控制设备，以及与其配套使用的故障监测、诊断和智能化设备。装用在高压开关柜内的元件均应符合各自的技术要求，并应是通过型式试验的产品。由于开关柜内所用元件的类型、额定参数及其组合的多样性，型式试验只能在具有代表性的典型功能单元进行，它应能含盖任一具体方案的性能。应该强调，开关柜内大量使用的有机绝缘部件，除应满足开关柜的试验要求外，还应按相关规定进行补充试验，如有机绝缘件的工频耐压时间至少 5min，还需测局部放电量。型式试验的项目和参数的要求应该根据高压开关柜的实际使用工况选定，同时也要适当考虑由于长期运行可能对其性能带来的影响。型式试验的水平只代表产品的设计水平，它与正常生产的产品质量没有直接关系，反映不了产品的质量水平。正常生产的产品，应该确保与已经通过型式试验的样机的技术性能相一致，以确保批量产品的技术性能。

在下述情况下，高压开关柜应进行型式试验：

（1）新设计和试制的产品，应进行全部规定的型式试验；

（2）转厂和易地生产的产品，应进行全部规定的型式试验；

（3）当生产中的产品在设计、工艺、生产条件或使用的关键材料、关键零件发生改变而影响到产品性能时，应进行相应的型式试验；

（4）正常生产的产品，每隔 8 年应进行一次温升、机械寿命、基本短路试验方式 T100s 或短路关合及关合–开断试验、短时耐受和峰值耐受电流试验，其他项目的试验必要时也可以抽试；

（5）当开关设备的操动机构所测得的参考机械行程特性曲线发生变化时，应进行全部型式试验；

（6）当开关设备采用替代的操动机构或者原来的操动机构布置方式发生改变，但机械行程特性曲线仍在规定的允许范围内时，可只进行基本短路试验方式 T100s、峰值耐受电流和机械寿命试验；

（7）不经常生产的产品（停产 3 年以上）再次生产时应按（4）的规定进行验证试验，对系列产品或派生产品，应进行相关的型式试验，有些试验可引用相应的有效试验报告。

上述规定中，除（1）、（3）、（5）、（6）外，均是我国国家标准 GB/T 11022—2011 和电力行业标准 DL/T 593—2006 在 IEC 62271–1：2011《高压开关设备和控制设备 第 1 部分：通用规范》的基础上另行增加的规定，其目的是要确保产品在不同的生产时期、不同的生产厂家和不同的生产地区均能符合标准规定的技术性能，从生产源上确保产品的生产质量和运行可靠性。

高压开关柜的型式试验可以在 1 个试品上进行，也可以在多个试品上进行，还可以分为几组进行，但不能超过 4 个试品。可以分为几组和在几个试品上进行试验，是为了方便工厂和试验室的试验安排，其原则是相互有影响的试验项目应在同一个试品上进行试验。用几个试品进行型式试验要根据产品的类型、试验项目多少、试验的风险和计划进行试验的地点等因素来决定。型式试验也可以在不同的试验室进行不同的试验项目，但相互之间有影响的试验项目不能分开在两个试验室进行。

所有的型式试验均应在装配完整的高压开关柜上进行，试品应处在完全与运行条件相同的安装状况和技术条件下，并配装它们的操动机构及所有的辅助和监控设备。如果标准中规定了在某项试验过程中可以进行维护和检修，生产厂家可以按照规定进行允许的维修或零部件的更换。

高压开关柜的型式试验是定型试验，试验结果将决定产品是否可以投入生产和上网运行。因此，型式试验必须在有相应试验资质和使用部门认可的试验机构进行，生产厂家不能在自己的试验室为自己的产品进行型式试验，即使具有相应的试验资质和认可，它也只能对第三方的产品进行型式试验，以确保试验的公正性。生产厂家应该向试验机构提交必需的图样和资料，同时应该向试验机构提供一份信誉声

明，既要保证送交的图样和资料均为正确版本且确实与受试样机相符，还要保证是生产厂家自己试制的试品。试验机构应该确认生产厂家提供的图样和资料确实代表了受试高压开关柜的部件和零件，而且是生产厂家自制的全新样机。确认试品的真实性是各试验机构应该履行的一项责任和义务。确认完毕后，试验机构应保留图样和资料清单，并将零件图样和其他资料归还生产厂家封存。标准中规定了为确认高压开关柜的主要零部件需要向试验机构送交的图样和资料。

型式试验完成后，试验机构应为生产厂家出具一份具有相应资质和认可标志的型式试验报告。型式试验报告应该包括足以确认被试开关柜的主要元件和部件的资料，如受试开关柜的型号、出厂编号、制造日期、额定特性、主要元件和零部件的生产厂家家和额定值、开关设备配用的操动机构的型式和生产厂家家等。型式试验报告应包含所有型式试验结果、试验过程中的表现、试验过程中维修和更换情况、代表性的试验实测示波图和试验设备、接线图等。型式试验报告内的数据和波形图应该足以证明试品符合相应标准和技术条件的规定，并做出试验合格的明确判定。

二、试验项目和试验要求

按照相关标准的要求，高压开关柜的型式试验和验证项目包括强制性的型式试验和适用时强制性的型式试验。强制性的型式试验项目是不管额定电压和使用场合，对所有高压开关柜均应进行的试验项目；适用时强制性的型式试验项目是对不同额定电压和使用条件、运行条件所规定的必须进行的型式试验项目。可能还有其他的型式试验项目要求，可根据使用条件和运行工况决定。具体试验项目如下：

强制性的型式试验项目：

（1）验证设备绝缘水平的试验；

（2）检验设备各部件温升的试验和回路电阻的测量；

（3）检验设备主回路和接地回路耐受额定峰值和额定短时耐受电流能力的试验；

（4）检验所装用的开关装置的关合和开断能力的试验；

（5）检验所装用的开关装置和可移开部件符合操作要求的试验；

（6）验证防止人员触及危险部件及固体外物进入设备的防护试验。

适用时强制性的型式试验项目：

（1）验证防止人员触及危险电气效应的防护试验；

（2）验证充气隔室强度的试验；

（3）充气和充液隔室的密封试验和气体状态测量；

（4）评估内部电弧效应的试验（只对 IAC 级开关设备和控制设备）；

（5）电磁兼容性试验（EMC）；

（6）验证设备对气候引起的外部效应的防护试验；

（7）验证设备对机械撞击的防护试验；

（8）通过测量局部放电评估设备绝缘水平的试验；

（9）人工污秽试验和凝露试验；

（10）电缆试验回路的绝缘试验；

（11）耐蚀性试验；

（12）用于严酷气候条件下的附加试验。

1. 绝缘试验

绝缘试验是为了验证高压开关柜的绝缘设计是否满足标准中规定的绝缘水平，绝缘试验只进行在干燥状态下和凝露条件下的工频耐压试验和雷电冲击耐压试验，试验电压为表 2–6 中所规定的数值。

绝缘试验时，高压开关柜应按正常使用情况安装，所有部件和附件均应按运行状态安装就位，互感器、电力变压器或熔断器可以用能够重视电场分布情况的模拟品代替，过电压保护元件应断开，采用 SF_6 气体或其他气体作为绝缘介质的部件，其充气压力应为规定的最低压力。

工频耐压试验升到试验值后应保持 1min，但对有机绝缘件应保持 5min，并且要进行局部放电量测量，放电量应不大于规定值。雷电冲击耐压试验应进行 15 次正负极性试验，非自恢复绝缘不得发生破坏性放电，自恢复绝缘允许发生两次破坏性放电，但最后一次放电之后应连续 5 次不发生放电。

高压开关柜主回路的绝缘试验应进行各相对地、相对相之间以及开关断口和隔离断口之间的耐压试验，耐压试验时，高压开关设备应处于合闸位置（对地和相间），断口耐压时开关设备应为分闸位置，可移开部件或可抽出部件应处于隔离位置。

为了验证观察窗、绝缘隔板和活门是否满足绝缘和安全要求，对于操作时可能被触及的表面，试验时应在最不利位置上覆盖一块接地的圆形或方形金属箔，面积尽可能大，以此验证主回路带电部分与可能被触及的表面之间能否耐受规定的试验电压。主回路带电部分与绝缘隔板和活门的内表面之间应能耐受 1.5 倍额定电压 1min。试验时可在绝缘隔板或活门的内表面覆盖一块接地的金属箔。

隔离断口的耐压试验应施加隔离断口的工频和冲击耐压值，试验时最好是在断口两端加压，一端为额定对地耐压值，另一端为相电压值或相电压峰值。如果受试验设备的限制，也可以在一端加压，但是应将高压开关柜与地绝缘，以防对地绝缘闪络。

对于可抽出或可移开的开关装置的断口间试验应注意以下两点：

（1）如果在移开位置，有一个接地的金属活门在被分开的触头之间，则主回路带电部分与接地的金属活门之间的断口部分只耐受对地的试验电压。

（2）如果在移开位置，固定部分和可抽出部件之间没有金属隔板或活门，断口之间应施加规定的试验电压。如果可抽出部件的主回路导电部分可能会被触及，试验电压应施加在动触头和固定触头之间；如果可抽出部件的主回路导电部分不会被触及，试验电压应施加在两侧的固定触头之间，开关装置应处于合闸位置。

在绝缘试验中还有一项非常重要的耐压试验，称为“作为状态检查的电压试验”，其目的是检验开关设备在关合、开断或者机械寿命、电寿命试验完成后，断口之间或者还包括对地之间的绝缘性能还能否保证高压开关柜内的开关设备继续安全运行，状态检查的试验电压对隔离断口应为 100%断口耐压值，对非隔离断口为 80%断口耐压值。

人工污秽和凝露试验是高压开关柜考核其绝缘性能的关键试验项目，污秽试验可以只进行部件的试验，而凝露试验则应按规定进行整体开关柜的试验。

为了在高压开关柜处于运行状态时能够对其进出线电缆进行耐压绝缘，应进行附加的工频耐压型式试验，以确认相关的隔离断口在另一端仍然带电运行的情况下，能够对电缆进行规定的耐压试验。也就是说，要求隔离断口应能耐受一端为电缆的直流耐受电压而另一端为运行电压，不得发生闪络，而断口两侧的试验电压可能已经接近甚至超过了断口的额定工频耐压电压，为此断口必须考虑具有一定的安全裕度。

高压开关柜的辅助和控制回路应进行 2000V、1min 的工频耐压试验，根据运行经验，不得采用点试的方法代替。

2. 回路电阻的测量和温升试验

高压开关柜的温升试验的目的是考核产品能否在额定工作电流下长期运行而温升不超过标准中的规定。按照标准中的要求，主回路的温升试验须在设备处于全新而且干净的状态下进行，同时，充气设备处于规定的最低功能压力下。也就是说温升试验的结果只对全新的开关柜适用，对于运行中的有一定使用年限的设备是没有保障的。为此，使用部门要求高压开关柜的载流性能的设计和选材必须有一定的裕度，这个裕度至少要有 10%，因此，电力行业标准规定，高压开关设备温升试验的电流应为 1.1 倍额定电流。

高压开关柜在温升试验之间应该进行主回路电阻的测量，其值应该符合技术条件的规定，如果温升试验通过了，此值将作为今后产品回路电阻的标准值。

高压开关柜的温升试验应在基本没有空气流动的试验室内进行，空气流动速度不应超过 0.5m/s，室内温度应高于+10℃，但不能超过+40℃。温升试验时，高压开

关柜应该为具有代表性的结构方案，所有部件及其连接应与运行时的工况完全相同，在某些情况下，如几组开关柜一起运行时，应考虑相邻开关柜，尤其是大电流开关柜的影响。开关柜的温升试验应进行三相试验，且所有盖板和门均处于关闭状态，连接到主回路的试验接线应不会明显地将被试设备的热量导出，也不会向被试设备传入热量，其标志是主回路端子处和距端子 1m 处连接线的温差不得超过 5K。

高压开关柜主回路中各种部件、材料和绝缘介质的允许温度和温升极限见表 2–5。

高压开关柜的辅助和控制回路的温升试验应该在其额定电源电压和额定电流下进行，交流为 50Hz 的正弦波。连续工作在额定值的线圈，应该持续通以足够长时间的电流，使温升达到稳定值。对于只在开合操作时才通电的回路，如果操作终了时辅助回路可自行切断，则可连续通电 10 次，间隔 1s；如果操作终了不能将回路自行切断，应一次通电 15s。

3. 短时耐受电流和峰值耐受电流试验

高压开关柜的主回路和接地回路应进行短时耐受电流和峰值耐受电流试验，以检验它们承载额定短时耐受电流和峰值耐受电流的能力。此项试验也称为动热稳定试验。

高压开关柜要在规定的安装和使用条件下进行试验，主回路应进行三相试验，接地回路在中性点绝缘系统中进行单相试验，试验电流为额定动热稳定电流的 86.6%。试验时应将所有可能影响主回路和接地回路的性能或限制短路电流的相关元件按正常使用条件安装，辅助装置（如电压互感器、避雷器等）与主回路相连接的短线不包括在内。

进行主回路试验时，电流互感器和脱扣器应按正常使用条件安装，但脱扣器不能动作。带有限流熔断器的开关柜，试验电压应为额定电压；不带限流熔断器的开关柜，可以使用任一方便的试验电压。试验电流的持续时间应为标准中规定的额定短路持续时间，动热稳定试验时的额定峰值耐受电流必须出现在任一边相中。

开关柜内的接地开关应进行三相动热稳定试验。接地开关和接地点之间的连接线进行单相试验，试验电流为额定值的 86.6%。

如果开关柜内装用的是可移开式的手车式开关装置，要对其固定部分和可移开的手车之间的接地连接进行单相动热稳定试验，试验电流为额定值的 86.6%，电流必须在固定部分的接地导体和手车的接地点之间流过。

动热稳定试验后，主回路中的元件和导体不应发生影响继续运行的变形和损坏，试验前、后所测电阻值之差不应超过 20%，开关装置应可在第一次操作时就能分开。接地回路中的接地导体、接地连接和接地开关试验后允许一定的变形或损坏，但接地回路必须保持连通，接地开关第一次操作时就能分开。

4. 关合和开断能力的验证

高压开关柜内开关元件进行关合和开断试验的目的，是为了验证开关元件在开关柜内的安装条件下，处于与运行条件完全相同的状态下的开合能力，特别是在柜内对由于短路引起的机械力、电动力、电弧生成物的排出以及可能引发的击穿放电等情况的验证。在某些条件下，在柜内和在柜外单独进行的开断试验可能完全不同，如少油断路器的短路开断试验。因此，凡是用于高压开关柜内的开关装置，其所有的短路开合性能均应在开关柜内进行三相关合和开断试验验证。

由于高压开关柜的结构设计和布置的多样性，主开关和接地开关元件应在具有代表性的开关柜内进行关合和开断性能试验验证。如果主开关元件在开关柜内未进行过完整的开断和关合试验，则应在开关柜内进行全部的关合和开断电流系列试验；如果主开关元件已经在柜内进行过全部开合系列试验，配用在其他型号或厂家的开关柜内时，按标准规定可进行部分开合项目的试验验证。接地开关只需进行相应电寿命等级的关合试验。

（1）对高压开关柜中的断路器的关合和开断能力验证。高压开关柜中装用的断路器，应按断路器标准中的要求，在所装用的开关柜内进行完整的短路关合和开断试验，包括：① 试验方式 T10 试验；② 试验方式 T30 试验；③ 试验方式 T60 试验；④ 试验方式 T100s 试验；⑤ 试验方式 T100a 试验；⑥ 失步关合和开断试验；⑦ 异相接地故障试验；⑧ E2 级电寿命试验。

对已经在某一形式的开关柜内完成了全部型式试验的高压断路器，如果装用在另一种形式的或其他厂家的开关柜内时，只需进行试验方式 T100s 试验和试验方式 T100a 试验。

（2）对高压开关柜中的负荷开关的关合和开断能力验证。高压开关柜中装用的通用负荷开关应按负荷开关标准中的要求进行完整的关合和开断试验，试验方式如表 4–1 所示。所有的试验方式除短路关合试验外均应在同一个负荷开关上进行，试验顺序不做规定，试验过程中负荷开关不能检修，所有的开断试验，触头的分离时刻是随机的。

表 4–1　　通用负荷开关的试验方式——三极操作的负荷开关的三相试验的试验方式

试验方式		试验电压	试验电流	操作循环次数		
描述	TD			E1 级	E2 级	E3 级
有功负荷电流	TDload2	U_r	I_{load}	10	30	100
	TDload1		$0.05 \times I_{load}$	20	20	20
配电线路闭环电流	TDloop	$0.20 \times U_r$	I_{loop}	10	20	20

续表

试验方式		试验电压	试验电流	操作循环次数		
描述	TD			E1 级	E2 级	E3 级
电缆充电电流	TDcc2	U_r	I_{cc}	10	10	10
	TDcc1		$(0.1 \sim 0.4) \times I_{cc}$	10	10	10
线路充电电流	TDlc	U_r	I_{lc}	10	10	10
短路关合电流	TDma	U_r	I_{ma}	2 次 关合操作	3 次 关合操作	5 次 关合操作
接地故障电流	TDef1	U_r	I_{ef1}	10	10	10
接地故障条件下电缆和线路充电电流	TDef2	U_r	I_{ef2}	10	10	10

如果高压负荷开关已经在柜内进行了整个系列的关合和开断电流试验，当它装用在其他开关柜内或其他厂家生产的开关柜内时，只需进行 10 次 100%负荷开断电流的合–分试验；如果负荷开关具有短路关合能力，应按其电寿命等级进行短路关合试验。

1）短路关合试验。短路关合试验应在已经在试验方式 TD_{load} 要求的 100%有功负荷情况下，进行了 10 次关合–开断操作方式的负荷开关上进行，如果关合和开断在不同的触头或接触面上完成短路关合试验，可以在新的负荷开关上进行。关合试验应包括两种极端情况下的关合：① 在电压波峰值处的关合，可出现最长预击穿时间和对称短路电流，关合应在峰值电压的−30～+15° 内；② 在电压波零点处的关合，没有预击穿，可出现完全非对称的短路电流。在关合试验系列中，对 E1 级负荷开关应满足①和②各 1 次；对 E2 级负荷开关应满足①2 次、②1 次；对 E3 级负荷开关应满足①3 次、②2 次。

如果由于预击穿时间长而在额定电压下达不到额定短路关合电流，应在降低电压的情况下进行一次全对称短路电流的关合。

短路关合试验应在额定电压下进行直接关合试验，如果由于试验站容量限制不能进行全电压直接试验时，可以采用关合合成试验，也可以采用用熔断器模拟预击穿长度的降低电压下的关合试验，但在降低电压试验前应先确定在额定电压下的预击穿时间或长度，试验时预击穿时间不应小于平均预击穿时间加 2 倍标准偏差。

短路关合试验应进行三相试验，试验回路如图 4–1 所示。

2）有功负荷开合试验（试验方式 TD_{load}）。有功负荷开合试验的操作方式为关合–开断，合断之间间隔不应超过 3min，开断电流和试验电压应符合表 4–1 的规定，试验电压在电弧熄灭后应至少保持 0.3s。

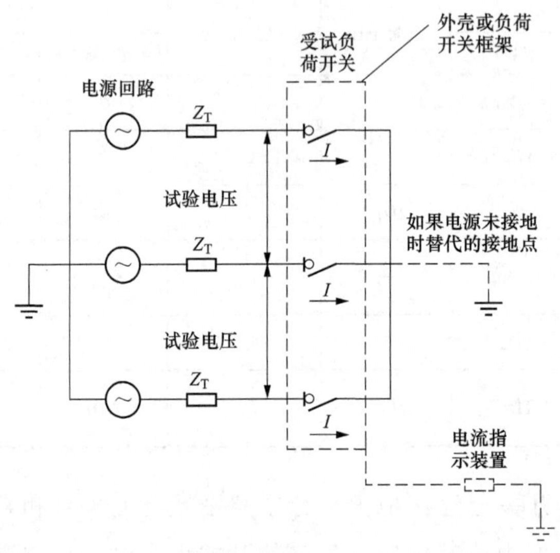

图 4–1　短路关合电流试验（试验方式 TD_{ma}）的三相试验回路

有功负荷开合试验的三相、单相试验回路分别如图 4–2、图 4–3 所示。电源回路为电抗和电阻串联，功率因数≤0.15，电源回路的阻抗应为试验回路总阻抗的（15±3）%，负荷回路应由电抗器和电阻并联组成，功率因数为 0.65～0.75。

在端子故障条件下，电源回路的预期瞬态恢复电压（TRV）应满足表 4–2 的要求，电源侧的阻抗应接在负荷开关的电源侧。

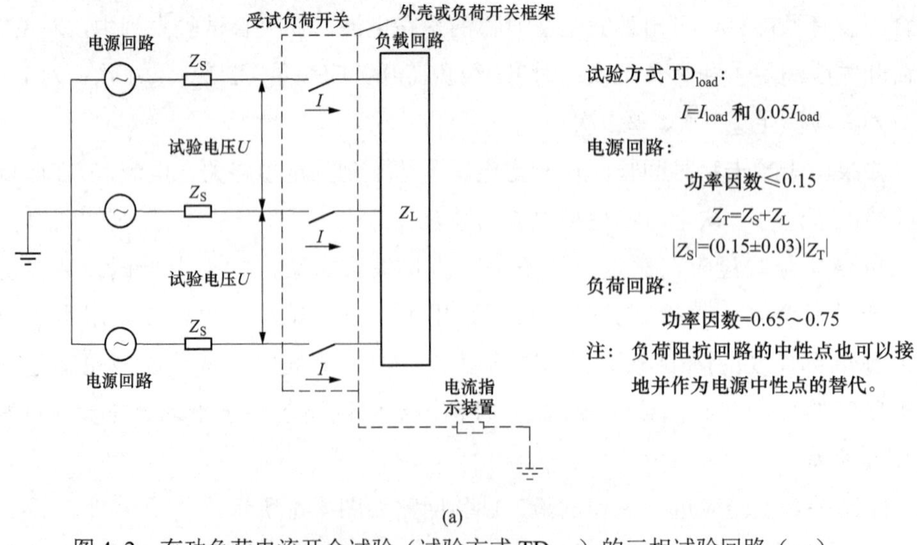

图 4–2　有功负荷电流开合试验（试验方式 TD_{load}）的三相试验回路（一）

（a）总体回路

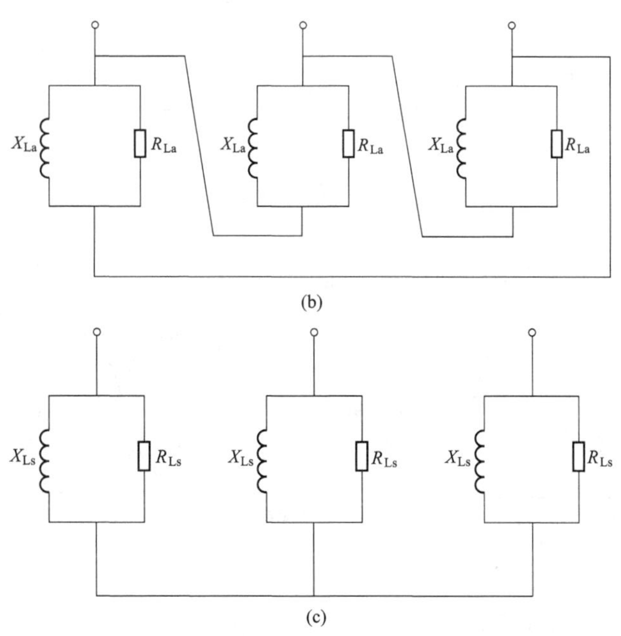

图 4–2　有功负荷电流开合试验（试验方式 TD_{load}）的三相试验回路（二）

（b）三角形连接的负荷；（c）星形连接的负荷

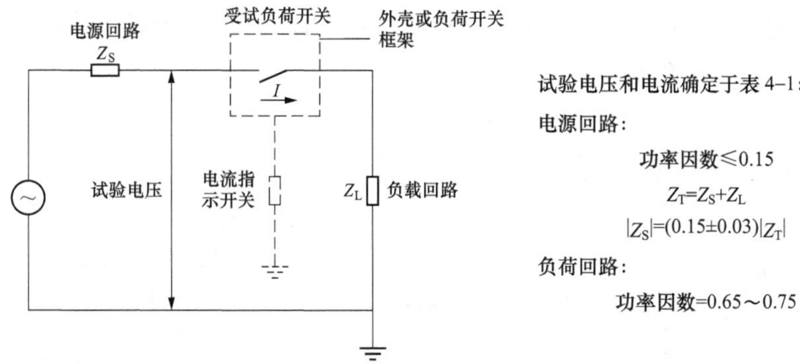

图 4–3　有功负荷电流开合试验（试验方式 TD_{load}）的单相试验回路

表 4–2　　　　有功负荷电流开断试验中电源回路的 TRV 参数*

额定电压 U_r（kV）	电源回路 TRV 参数	
	峰值电压** u_c（kV）	时间** t_3（μs）
3.6	6.2	40
7.2	12.3	52
12	20.6	60
24	41	88
40.5	69.5	114

注　1. 负荷开关的电源和负荷分量如图 4–4 所示。电源分量的峰值 u_c' 如图中所示，在时间 t_3 时近似等于 u_c。实际的 u_c' 和到达峰值的时间取决于负荷回路的功率因数和电源回路的串联阻抗。

图中，u_c' =负荷开关 TRV 电源回路分量的峰值。

2. 电源回路的串联阻抗应为总阻抗的（15±3）%，功率因数为 0.15 或更小。负荷由电抗和电阻并联组成。

负荷的 TRV 形式为指数衰减的电压且其峰值决定于负荷的功率因数。因此，负荷侧的 TRV 完全取决于负荷回路而不必做出规定。

3. 电源回路的串联阻抗是配电变压器阻抗和远处的电源阻抗的组合，首开极系数 k_{pp} 为 1.5，振幅系数假定为 1.4，则

$$u_c = \frac{U_r\sqrt{2}}{\sqrt{3}} \times 1.5 \times 1.4$$

* 端子故障条件下的电源回路 TRV 参数。

** 用户注意如果采用限流电抗器，电源回路的 TRV 可能超出规定值。

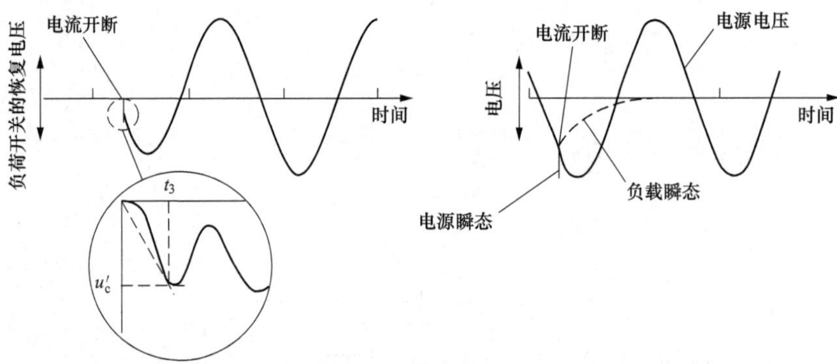

图 4–4　负荷开关的电源和负荷分量

3）闭环回路开合试验（试验方式 TD_{loop} 和 TD_{pptr}）。配电线路和并联电力变压器试验回路如图 4–5 和图 4–6 所示。

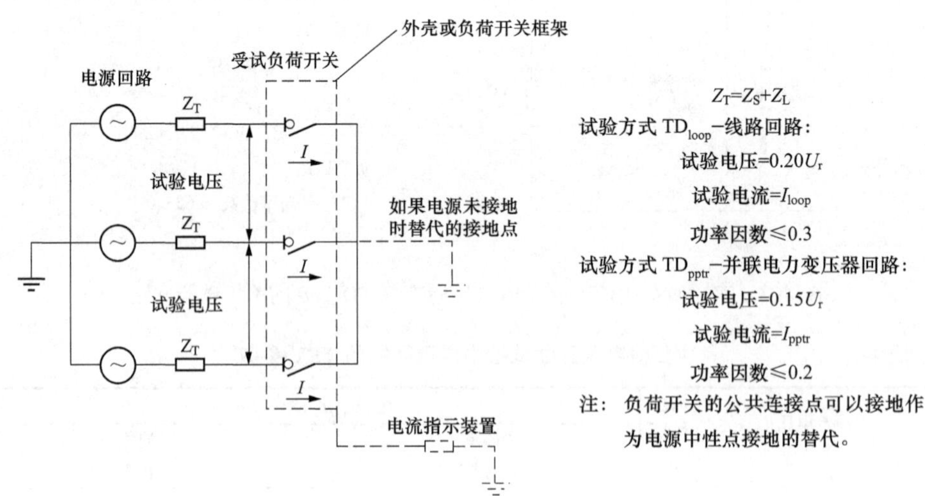

图 4–5　配电线路和并联变压器电流开合试验三相试验回路

试验回路中的电抗和电阻串联，功率因数如图 4–5 和图 4–6 所示。负荷阻抗可以在负荷开关的电源侧或负荷侧，如果负荷阻抗接在负荷侧，电源侧的阻抗应尽可能小，但其短路电流不要超过负荷开关的关合电流。试验回路的预期 TRV 应分别满足表 4–3 和表 4–4 的要求，试验电压对配电线路闭环试验为 $0.2U_r$，对并联电力变压器闭环试验为 $0.15U_r$。

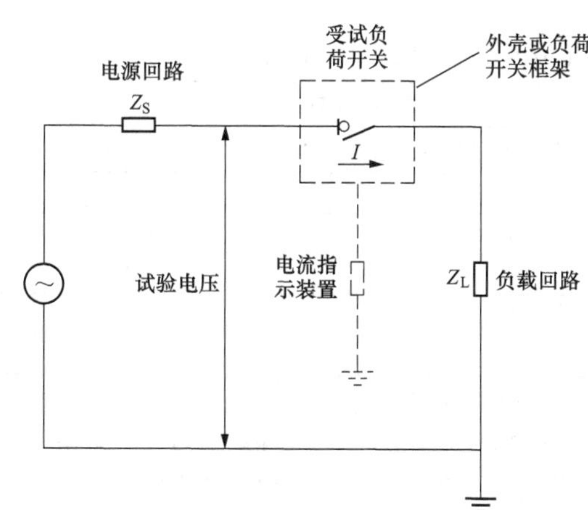

图 4–6 配电线路和并联变压器电流开合试验（试验方式 TD_{loop} 和 TD_{pptr}）的单相试验回路

表 4–3 配电线路闭环开断试验的 TRV 参数

额定电压 U_r（kV）	电源回路 TRV 参数	
	峰值电压 u_c（kV）	时间 t_3（μs）
3.6	1.2	110
7.2	2.4	110
12	4.1	150
24	8.3	250
40.5	14	330

注 1. 负荷开关断口间规定的瞬态恢复电压是（1–cos$t$）形式的。典型的瞬态过程如图 4–7 所示。

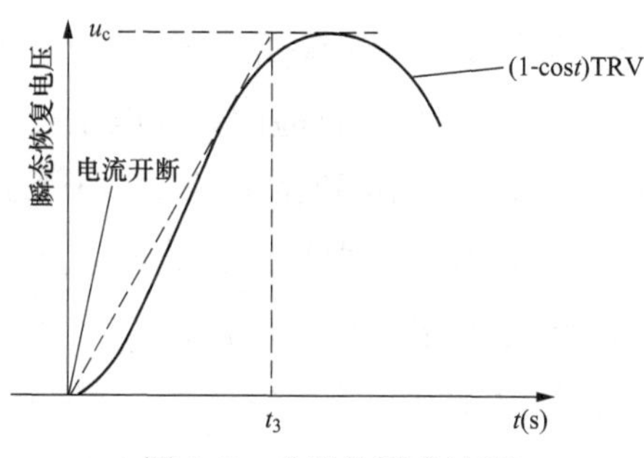

图 4–7 典型的瞬态过程

2. 稳态的相–相开路试验电压为额定电压的 20%，u_c 是按照首开极系数 k_{pp} 为 1.5 且振幅系数等于 1.4 确定的，即

$$u_c = U_r \times 0.20 \times \sqrt{\frac{2}{3}} \times 1.5 \times 1.4$$

表 4–4　　并联电力变压器电流开断试验的 TRV 参数

额定电压 U_r（kV）	电源回路 TRV 参数	
	峰值电压 u_c（kV）	时间*t_3（μs）
3.6	0.6	0.25
7.2	1.1	0.35
12	1.9	0.45
24	3.7	0.63
40.5	6.3	1.04

注　1. 负荷开关断口间的 TRV 是（1–cos$t$）形式的且数值为首开极的。

2. 按照 GB 1984—2014《高压交流断路器》短路试验方式 T10，首开极系数 k_{pp} 为 1.5，振幅系数假定为 1.7。假定两台电力变压器并联且开合其中一台变压器。TRV 主要来自被开合的变压器，这就意味着瞬态恢复电压仅基于一半的稳态恢复电压，即

$$u_c = \frac{U_r\sqrt{2}}{\sqrt{3}} \times 1.5 \times 1.7 \times \frac{0.15}{2}$$

* 时间和 t_3 按 $t_3 = K\sqrt{\frac{1480+600I}{6.7I}}$ 计算，这里 t_3 的单位是μs，I 是试验电流，单位为 kA。系数 K 和计算 t_3 的公式是根据变压器的低压电流注入法获取的，并由已公开的瞬态恢复电压频率推导出来。该频率是电流额定值接近试验电源，且在强制冷却时额定阻抗为 15%的电力变压器的典型额定值。

4）容性回路开合试验（试验方式 TD_{cc}、TD_{lc}、TD_{sb} 和 TD_{bb}）。容性电流开合试验一般在试验室内进行，也可以在系统的运行现场进行。在运行现场进行试验，应采用实际的线路、电缆和电容器组。

在试验室内试验，可以用由电容器、电抗器和电阻等元件组成的人工回路，部分或全部代替线路或电缆。但是，如果在试验中发生重击穿，则不能确定可能产生的过电压值。

三极负荷开关应进行三相试验，但是也允许进行与三极负荷开关的实际开合状态等价的单相试验室试验。

三相试验的工频试验电压见表 4–1 中给出的数值。

三极机械联动的负荷开关进行单相试验的试验电压应等于 $U_r/\sqrt{3}$ 和下列系数之一的乘积，这些系数仅适用于极间不同期性等于或小于 3.33ms（50Hz）的负荷开关：① 1.0 适用于中性点有效接地系统中开合中性点接地的电容器组和屏蔽电缆；② 1.1 适用于中性点有效接地系统中开合铠装电缆；③ 1.2 适用于中性点有效接地系统中开合架空配电线路；④ 1.4 适用于中性点有效接地系统中中性点不接地的电容器组的开合；⑤ 1.4 适用于中性点非有效接地系统中开合电容器组、线路和电缆；⑥ 1.7 适用于中性点非有效接地系统中存在单相或两相接地故障条件下的开断。

a. 电源回路的性能。对于线路充电电流和电缆充电电流开断试验，电源侧电路应是为有功负荷开合试验所规定的回路（包括 TRV 控制用的电容和电阻）。

对单个电容器组开合试验，电源回路的电压变化（关合后电压升高、断开

后电压降低）要求如下：对试验方式 1 不超过 2%，对试验方式 2 不超过 5%。如果电压变化大于规定值，允许用规定的恢复电压进行试验，预期恢复电压值应符合表 4–5 的要求。电源回路的阻抗不应过低以免造成预期短路电流超过负荷开关的额定短时电流。

表 4–5　　电容器组电流开断试验的预期恢复电压参数的限值

试验方式	恢复电压*, **		时　间*（ms）	
	u_c *****	u_a ****	t_a ****	t_2 *****
1	1.98	0.028	t_3 ***	
2	1.95	0.070	t_3 ***	8.7

* 参见图 4–5。

** 数值为相应于试验电压的峰值的标幺值。

*** 表 4–2 中的 t_3。

**** 预期 TRV 初始部分的峰值。

***** 预期恢复电压的峰值 u_c' 应大于 u_c 且到达峰值的时间 t_2' 应小于 t_2，如图 4–7 所示。

电容器组电流开断试验的预期 TRV 参数应符合图 4–8 中的规定。

单开断试验时，电源回路的电容以及电源侧电容和负荷侧电容间的阻抗应能在 100%额定背对背电容器组开断电流的试验时产生额定电容器组关合涌流。

预期 TRV（u_a'、t_a'、u_c'、t_2'）的大小关系应如下：

$$u_a' < u_a,\ u_c' > u_c,\ t_a' > t_a,\ t_2' < t_a$$

u_a、t_a、u_c 和 t_2 在表 4–5 中规定。

电源回路接地与否应根据系统的接地状况而定，对用于中性点非有效接地系统的负荷开关，试验时电源侧中性点应绝缘，以获得 1.5 的首开极系数，将电源回路接地和将负荷回路中性点绝缘是等效的。对用于中性点接地系统的负荷开关，试验时电源侧中性点应接地，并要求其零序阻抗小于 3 倍的正序阻抗。

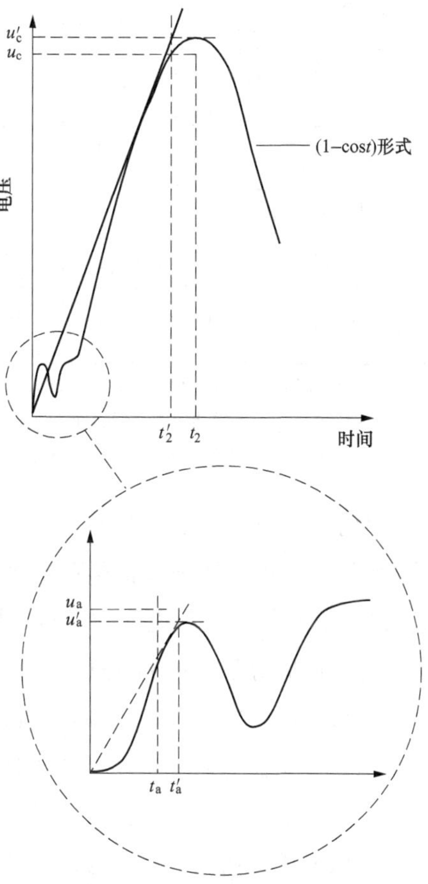

图 4–8　电容器组电流开断试验的预期 TRV 参数限值

b. 容性开合试验。进行三相试验时，被试回路的接地应和负荷开关的使用情况

相同。试验回路应包括所有必要的测量装置，如分压器，应能保证容性电流开断 0.3s 后电容器上的电压不低于试验电压的 90%，三相和单相容性开合试验的通用试验回路如图 4–9 所示，其参数如表 4–6 所示。

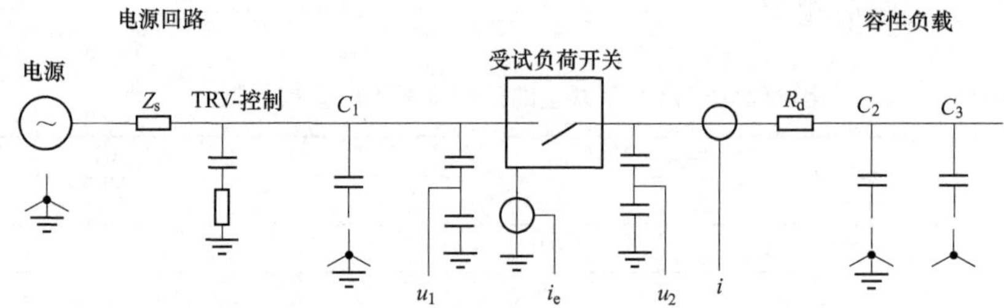

图 4–9　三相和单相容性开合试验的通用试验回路

表 4–6　　　　三相和单相容性开合试验的通用试验回路参数表

试验方式	电源	Z_s	TRV–控制	C_1	R_d	C_2	C_3^*
TD_{ic1}，TD_{ic2}	（1）接地[①] （2）绝缘[②]	如 TD_{load}	如 TD_{load}	—	$\leqslant 0.05X_c$	接地	（1）$2C_2$； （2）不要求
TD_{cc1}，TD_{cc2}	（1）接地 （2）绝缘	如 TD_{load}	如 TD_{load}	—	$\leqslant 0.05X_c$	接地	（1）$2C_2$； （2）不要求
TD_{sb1}，TD_{sb2}	（1）接地 （2）绝缘	sb1 $\leqslant 0.05X_c$ sb2 $\leqslant 0.02X_c$ 同时 实际 $I_{sc} \leqslant$ 额定 I_{sc}	不大于 表 3–8 中的值	—	—	（1）绝缘或 接地 （2）接地	—
TD_{bb1}，TD_{bb2}	（1）接地 （2）绝缘		无规定	（1）绝缘或接地 （2）接地	—	如 C_1	—

① 用于中性点有效接地系统的负荷开关的试验。

② 用于中性点非有效接地系统的负荷开关的试验。为了便于试验，将电源回路接地和将负荷回路绝缘是等效的。

* 对于 C_3，可用等效的容性回路代替描述的并联电容器组。

为了便于试验室试验，在进行电缆充电回路（试验方式 TD_{cc1} 和 TD_{cc2}）试验时，可以使用电容器来模拟屏蔽电缆或铠装电缆。铠装电缆通常用在电压直到并包括 15kV 的系统中。对电源中性点接地的三相试验，重现三芯铠装的容性回路的正序电容应近似等于 3 倍的零序电容。

如果采用电容器模拟电缆，应使用不超过容抗值 5%的无感电阻和电容器串联，更高的值可能会对恢复电压产生不良影响。

为了便于试验室试验，在进行线路充电回路（试验方式 TD_{lc}）试验时，可以使用电容器来模拟线路。对于电源中性点接地的三相试验，容性回路的正序电容大约应为 3 倍的零序电容。

如果采用电容器模拟架空线路，应使用不超过容抗值 5%的无感电阻和电容器

串联，更高的值可能会对恢复电压产生不良影响。

进行电容器组（试验方式 TD_{sb1}/ TD_{sb2}、TD_{bb1} 和 TD_{bb2}）试验时，对于三相试验，应根据负荷开关的使用情况及电源回路中性点的接地情况，来决定电容器组的中性点绝缘还是接地。

在三相背对背电容器组回路中电容器组 C_1 和 C_2 都应同样接地或绝缘。如果 C_1 和 C_2 都绝缘且电源接地，那么只出现为 1.5 的首开极系数。

5）接地故障试验（试验方式 TD_{ef1} 和 TD_{ef2}）。接地故障试验应采用图 4–10 和图 4–11 的试验回路，电源阻抗 Z_d 应等于通用负荷开关试验方式 TD_{load} 的试验回路的电源侧阻抗。电源回路应是有功负荷开合试验规定的包括 TRV 控制电容器和电阻器的电源回路。

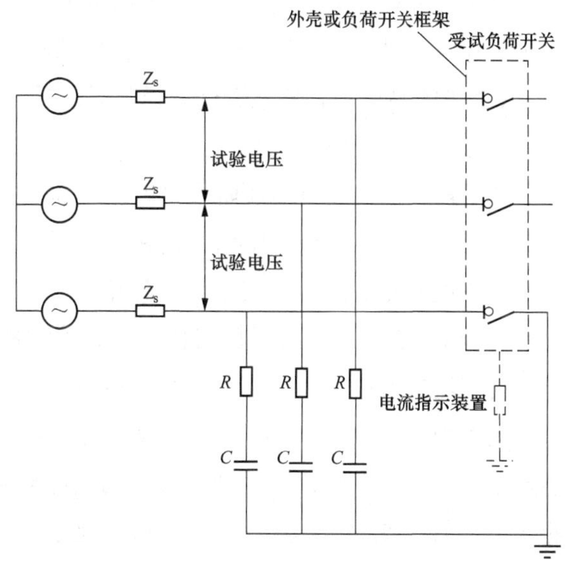

图 4–10　接地故障开断电流试验（试验方式 TD_{ef1}）的三相试验回路

试验应采用一个阻值不超过容抗值 5%的无感电阻与电容器串联。

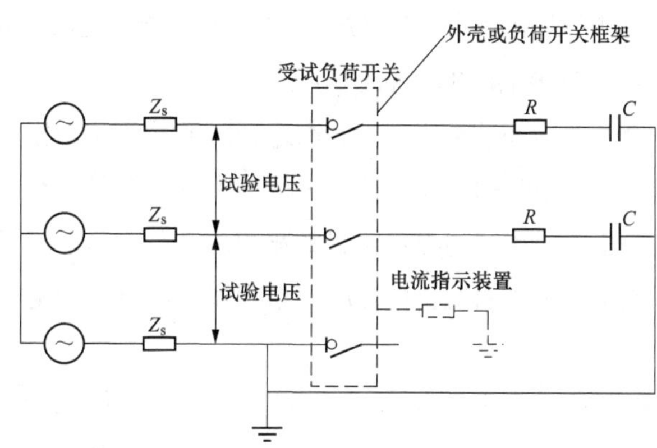

图 4–11　接地故障条件下电缆充电开断电流试验（试验方式 TD_{ef2}）的三相试验回路

如果使用负荷开关开合电动机，其试验要求应符合 IEC 62271–110：2009《高压开关设备和控制设备　第 110 部分：电感性负荷开关》的要求。实际上，目前很少有人用负荷开关来控制电动机的开合。

开断试验中，负荷开关应能成功开断且试验时不应有发生机械或电气损伤，也不应有危及操作人员和绝缘性能的火焰或物质从负荷开关内喷出。

对于容性电流开合试验，C1 级负荷开关在开合过程中允许出现重击穿。对于 C2 级，如果在整个特定的容性开合系列中发生一次重击穿，如电缆充电电流的试验方式 TD_{CC1} 和 TD_{CC2}，则操作次数在该试验系列中应加倍。附加的操作应在同一个负荷开关上进行，该负荷开关不应检修或再调整。如果再没有重击穿发生，且仍满足 C2 级的要求。紧随电流过零开断后的重燃是允许的，但不应有危及操作者或有损绝缘材料的泄漏电流。

开断操作后的恢复电压阶段可能发生非保持破坏性放电（NSDD），发生 NSDD 的情况应记录在试验报告中以将其和重击穿区分开。

开断试验和短路关合试验后负荷开关的状态：在一台试品上完成规定的开断试验和关合试验后，负荷开关的机械功能和绝缘性能应和试验前处于相同的状态。负荷开关应能够承载其额定电流且温升不超过规定值。

完成规定的试验后，应按标准规定进行空载操作和状态检查试验。如果满足下述判据中的一个，则认为达到了承载其额定电流能力的要求：① 目测检查主触头的状态良好；② 触头电阻试验前后变化小于 20%；③ 进行温升试验，满足温升要求。

（3）对负荷开关–熔断器组合电器的关合和开断能力验证。

负荷开关和熔断器组成的组合电器应进行 4 种关合和开断试验，即：① 额定短路电流的关合和开断试验；② 最大 I^2t 时的关合开断试验；③ 额定转换电流的开断试验；④ 额定交接电流的开断试验。

组合电器的开合试验应在装配完整的、与运行时的状态完全相同的组合电器开关柜内进行，开断和关合试验时的操动机构应为标准中规定的最低操作电压。选用的熔断器应使其试验结果适用于相同的组合电器底座和熔断器清单中的任一熔断器所构成的组合电器。对于脱扣器操作的组合电器应与熔断器中最小的额定电流值相匹配，全部试验均为三相试验。

1）额定短路电流的关合和开断试验。额定短路电流的关合和开断试验是为了验证负荷开关能够承受和关合熔断器的截止电流，并能使撞击器将负荷开关分闸。

试验的操作方式为一个单分和一个合分，回路的预期电流应等于组合电器的额定短路开断电流，误差为 0%～5%。试验电压为额定电压，首开极 TRV 用两参数法表示，如图 4–12 所示。开断后工频恢复电压至少应保持 0.3s，试验回路的功率因数为 0.07～0.15（滞后），开断试验时应保证任一边相熔断器的起弧相角是在该相电压过零后的 65°～90° 范围内，TRV 应满足熔断器标准 GB/T 15166.2—2008

《高压交流熔断器　第 2 部分：限流熔断器》的试验方式 1 的要求。其试验回路如图 4–13 所示。

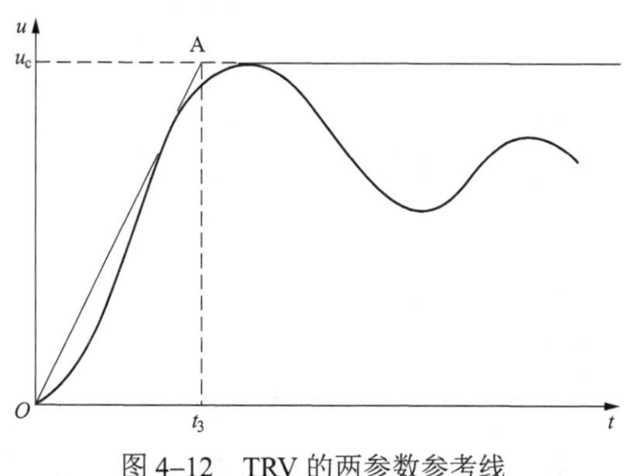

图 4–12　TRV 的两参数参考线

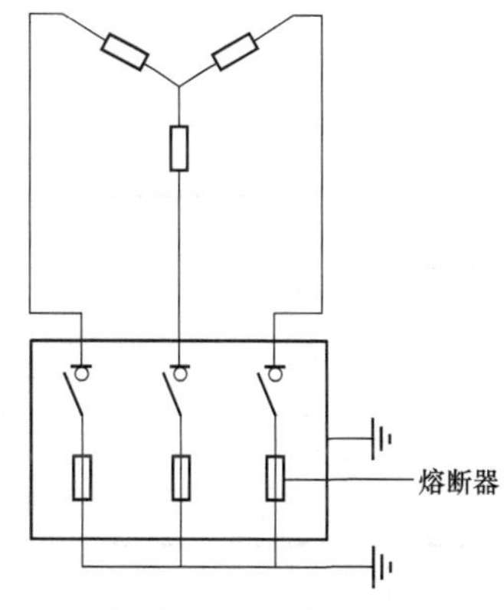

图 4–13　额定短路电流和最大开断 I^2t 时的开断和关合试验回路

2）最大开断 I^2t 的关合和开断试验。最大开断 I^2t 时的关合和开断试验是为了验证用近似于对负荷开关产生最大 I^2t 的预期电流时组合电器的性能。试验的操作方式为一个单分和一个合分，试验电压为额定电压，预期电流为按照 GB/T 15166.2—2008 中验证组合电器中熔断器设计的 I^2t 值所要求的预期电流，试验回路的功率因数为 0.07～0.15（滞后）。试验回路如图 4–13 所示。

开断试验应进行选相合闸，保证其中任一相电流在电压过零后 0°～20° 电度间出现。TRV 应满足 GB/T 15166.2—2008 的试验方式 2 的要求。

3）额定转移电流的开断试验。额定转移电流的开断试验是为了验证开断职能由熔断器转移到负荷开关时负荷开关和熔断器之间的配合。对于用脱扣器操作的组合电器，如果交接电流等于或大于转移电流，则转移电流的开断试验可以免试。确定转移电流的简化方法为：熔断器的最小时间–电流特性曲线上弧前时间等于 $0.9 \times T_0$ 时的电流值，T_0 为熔断器触发的负荷开关的分闸时间。

试验的操作方式为三次单分开断，每极分别进行一次开断，另外两极可用阻抗可忽略不计的导电棒代替，试验回路如图 4–14 所示。负荷回路应为一个 R–L 串联回路，电源回路的功率因数不大于 0.2（滞后），负荷回路的功率因数为：

开断电流≤400A 时为 0.3～0.4（滞后）；

开断电流＞400A 时为 0.2～0.3（滞后）。

试验电压为额定电压，TRV 应满足表 4–7 中的规定值。

4）额定交接电流的开断试验。额定交接电流的开断试验是为了验证，由脱扣器操作的组合电器开断负荷由熔断器交接给负荷开关时，在交接电流范围内熔断器和由脱扣器操作的负荷开关之间的配合。

表 4–7　　转移电流开断预期 TRV 的标准值

额定电压 U_r（kV）	TRV 电压峰值 u_c（kV）	时间 t_3（μs）	上升率 u_c/t_3（kV/μs）
3.6	6.2	80	0.077
7.2	12.3	104	0.115
12	20.6	120	0.167
（24）	41	176	0.236
40.5	69.4	229	0.30
$u_c = 1.4 \times 1.5 \times U_r \dfrac{\sqrt{2}}{\sqrt{3}}$			

试验的操作方式为 3 个单分，三极熔断器均由阻抗可以忽略不计的导电棒代替，试验回路与转移电流开断试验相同。交接电流开断试验回路如图 4–15 所示。试验电流相应于：由脱扣器触发的负荷开关分闸时间加继电器的一个半波的最小动作时间，熔断器的最大额定电流的最长动作时间，如图 4–16 所示。

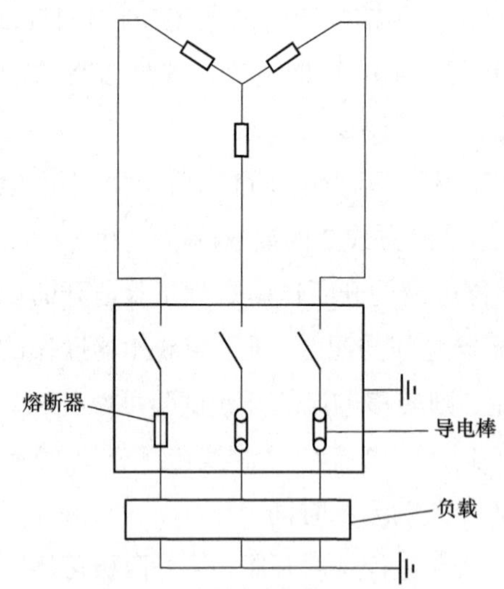

图 4–14　转移电流开断试验回路

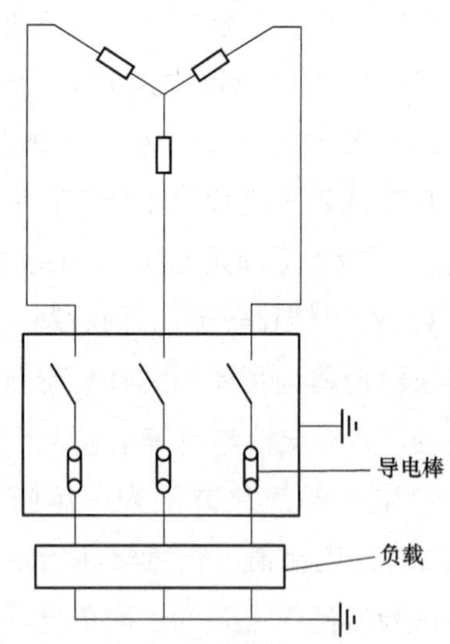

图 4–15　交接电流开断试验回路

负荷开关–熔断器组合电器 4 种试验方式的试验参数如表 4–8 所示。

表 4–8　　组合电器开合试验参数要求

试验方式		试验电压	试验电流/合闸相角	试验系列	功率因数	TRV
项目	回路					
TD_{Isc}（额定短路电流开合试验）	三相	U_r	见 GB/T 15166.2—2008 的试验方式 1	0 CO	0.07～0.15（滞后）	见 GB/T 15166.2—2008 的试验方式 1

续表

试验方式		试验电压	试验电流/合闸相角	试验系列	功率因数	TRV
项目	回路					
TD_{IWmax}（最大开断 I^2t 时的开合试验）	三相	U_r	见 GB/T 15166.2—2008 的试验方式 2	0 CO	0.07～0.15（滞后）	见 GB/T 15166.2—2008 的试验方式 2
$TD_{Itransfer}$（转移电流开断试验）	三相/二相	U_r	$I_{transfer}$ 或者（$0.87I_{transfer}$）见 GB 16926 中 6.101.2.3	0 0 0	$I_{transfer}$＞400 A：0.2～0.3（滞后） $I_{transfer}$≤400 A：0.3～0.4（滞后）	负荷侧：GB 16926 中的表 2； 电源侧：见 GB 3804—2004《3.6kV～40.5kV 高压交流负荷开关》的负荷电流开断的试验条件
TD_{Ito}（额定交接电流开断试验）	三相	U_r	I_{to} 见 GB 16926 中 6.101.2.4	0 0 0	I_{to}＞400 A：0.2～0.3（滞后） I_{to}≤400 A：0.3～0.4（滞后）	负荷侧：GB 16926 中的表 2； 电源侧：见 GB 3804—2004 的负荷电流开断的试验条件

注　与试验方式 $TD_{Itransfer}$ 和 TD_{Ito} 相关的功率因数是指负荷回路的。

（4）对高压开关柜内交流接触器的关合和开断能力验证。高压开关柜内装用的交流接触器的关合和开断试验是为了验证在装配完整且与运行时的状况完全相同的状态下交流接触器的关合和开断能力，三极接触器必须进行三相试验。不同的使用类别（表 4–9）的试验条件应符合表 4–10 的要求。试验回路的电源应有足够的容量以满足表 4–10 中的要求，电源侧阻抗应不大于试验回路总阻抗的 10%，由空芯电抗器和电阻串联而成的负荷部分应在接触器的负荷侧。

额定关合电流试验的关合次数如表 4–11 所示，两次操作之间的间隔为：30 万次及以下等级机械寿命的接触器为 30s 以内，100 万次的为 24s 以内，300 万次的为 10s 以下，也可由生产厂家和用户协商确定。试验电流的持续时间应不小于 50ms。

额定开断电流试验的开断电流应与相应的使用类别规定的数值相同，最大和最小开断电流分别进行 25 次开断试验，电流的持续

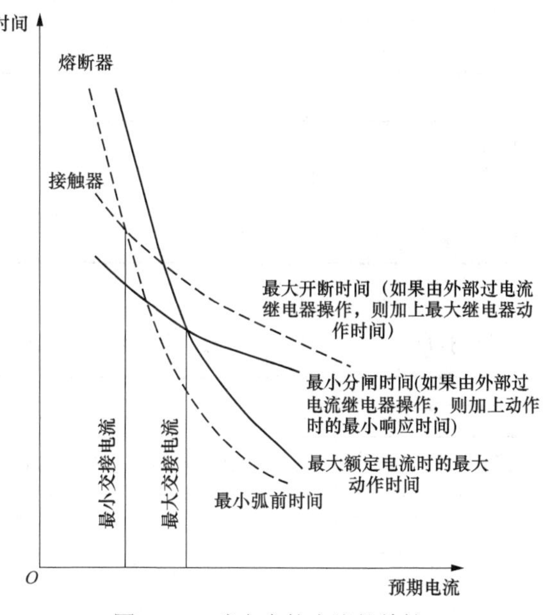

图 4–16　确定交接电流的特性

时间不超过 0.5s，两次开断试验的间隔时间与关合试验相同。

关合和开断试验后，接触器应能顺利进行分、合闸操作，断口应能承受规定的状态检查耐受电压试验。试验过程中不应发生持续性燃弧或相间闪络，接地回路完好，触头无熔焊。

高压开关柜内装用的交流接触器还应进行极限开断电流和电寿命试验。极限电流为 10 倍额定工作电流，试验回路的功率因数为 0.35±0.05，试验电压为 1.1 倍额定电压，至少应进行 3 次开断试验。

电寿命试验的关合和开断电流、试验电压和功率因数要求如表 4–12 所示，试验的次数可用外推法给出电磨损曲线即可。

表 4–9　　交流接触器的使用类别

使用类别	典型的应用
AC–1	无电感或稍带电感的负荷，如电阻炉
AC–2	滑环式电动机的启动和反接制动
AC–3	笼型电动机的启动和运行中开断
AC–4	笼型电动机的启动、反接制动和点动

表 4–10　　交流接触器开合试验参数要求表

使用类别	关合		开断			
			最小额定开断电流		最大额定开断电流	
	I_m / I_e	$\cos\phi$	I_c / I_e	$\cos\phi$	I_c / I_e	$\cos\phi$
AC–1	1.5	0.95	0.2	0.95	1.5	0.95
AC–2	4	0.65	0.2	0.65	4	0.65
AC–3	8	0.35	0.2	0.15	8	0.35
AC–4	10	0.35	0.2	0.15	8	0.35

注　试验在额定电压下进行。

表 4–11　　额定关合电流试验的关合次数表

使用类别	操作电源（气源）	操作次数
AC–3 和 AC–4	85%线圈额定电压（或额定气压）	50
	110%线圈额定电压（或额定气压）	50
其他	85%线圈额定电压（或额定气压）	10
	110%线圈额定电压（或额定气压）	10

表 4–12 验证电寿命时关合和开断条件

使用类别	关合			开断		
	I_m / I_e	U / U_r	$\cos\phi$	I_c / I_e	U_{rec} / U_r	$\cos\phi$
AC–1	1	1	0.95	1	1	0.95
AC–2	2.5	1	0.65	2.5	1	0.65
AC–3	6	1	0.35	1	0.17	0.35
AC–4	8	1	0.35	6	1	0.35

注 1. I_e为额定工作电流；U_r为额定电压；I_m为关合电流；U为关合前电压；U_{rec}为恢复电压；I_c为开断电流。
2. 关合电流以交流分量有效值表示。
3. $\cos\phi$ 的允许公差为±0.05。

高压交流接触器的主要用途就是用来频繁开关异步电动机，因此装于开关柜内的交流接触器还应进行开合异步电动机试验，以验证其开合感应电流的性能。一般开合异步电动机的试验大多在现场进行，如果试验室具备条件也可以在试验室进行，在试验室进行试验的试验回路、试验参数和试验条件应符合标准要求。

（5）对高压交流接触器–熔断器组合电器的关合和开断能力验证。高压交流接触器与短路保护装置组成的组合电器应进行接触器的短路电流关合和开断试验，以验证短路保护装置，如熔断器与接触器之间的配合。高压开关柜内装用的组合电器应装配完整且与运行时的状态完全相同，启动器应在规定的方式下进行操作，操作电压为额定操作电压的 85%，同时应记录行程特性曲线。启动器上的短路保护装置，即 SCPD，应具有生产厂家规定的适用于启动器的最大的额定电流。过载继电器或脱扣器的最小额定工作电流应与 SCPD 相匹配，并处于最小时间整定值。

短路电流的开断和关合试验回路如图 4–17 所示，试验应优先使用中性点接地的电源和三相短路点绝缘的回路。

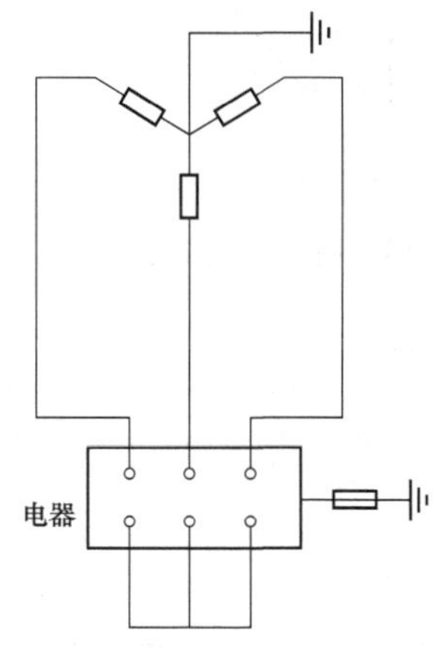

图 4–17 短路关合和开断试验回路

试验电压为额定工作电压，预期短路电流为额定短路开断电流和额定短路关合电流，开断后启动器端子间的工频恢复电压应保持 0.3s，首开极的 TRV 应符合图 4–18 的规定，预期瞬态恢复电压应符合 GB 1984—2014 中方式 4 的规定。

标准中试验方式 A 为 100%开断试验，进行一次启动器的额定短路电流的开断试验，功率因数不大于 0.15（滞后），试验电压为额定电压。

试验方式 B 为 100%关合试验，进行一次额定短路电流关合试验，由接触器

进行操作。

试验方式 C 为接近交接点的开断试验，是为了验证启动器提供的保护配合。试验进行 3 次开断操作，操作时间间隔应不超过 3min 或不超过更换熔断器所必需的时间。开断电流应等于或大于最大交接电流，其值由最大额定 SCPD 动作时间–电流曲线和接触器取小分闸时间或过电流继电器动作时的最短响应时间–电流曲线的交点决定，或者是启动器额定工作电流的 7 倍，熔断器可以用阻抗可忽略不计的导电棒代替。交流电流开断试验回路如图 4–19 所示，电源回路的功率因数不大于 0.15，所提供的短路电流不得超过启动器的额定短路电流，试验电压为额定电压。负荷回路应是电抗器和电阻串联，其功率因数为：当开断电流超过 400A 时为 0.2～0.3，开断电流不超过 400A 时为 0.3～0.4。负荷回路的预期瞬态恢复电压应符合表 4–13 的规定。

高压开关柜装用的由接触器–熔断器组成的启动器在上述关合和开断试验过程中不应发生相间和对地的闪络放电，以及喷射到高压开关柜外的火焰或气体。试验后接触器和启动器应无实质性的损伤，且能进行正常操作。

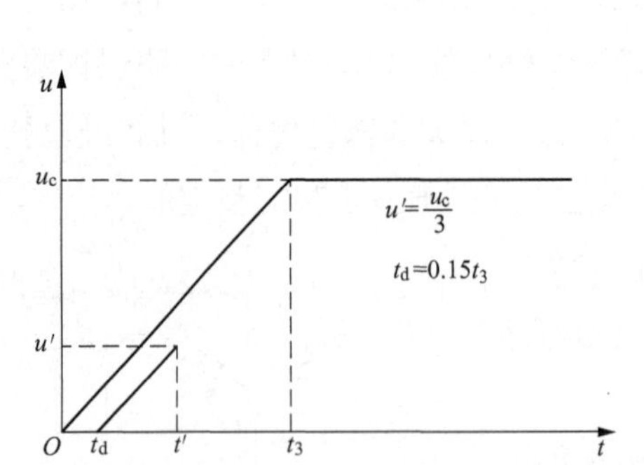

图 4–18　用两参数参考线和时延线表示规定的 TRV

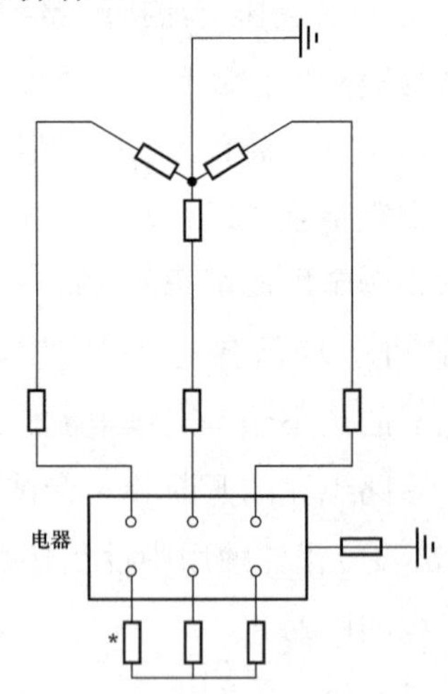

图 4–19　交接电流开断试验回路

表 4–13　　　　交接电流开断试验瞬态恢复电压特性

额定电压 U_r（kV）	TRV 电压峰值 u_c（kV）	时间 t_3（μs）	上升率 u_c/t_3（kV/μs）
3.6	6.2	80	0.077
7.2	12.4	104	0.119
12	20.6	120	0.172

高压开关柜装用的启动器应进行电寿命试验，试验要求与接触器的电寿命试验

要求相同。

对于已经在开关柜进行过全部开合试验的组合电器，如装用在另一型号或其他厂家的柜内时，只需进行接触器与短路保护装置（SCPD）的配合试验。

5. 机械试验

高压开关柜的机械试验主要是为了考核柜内装用的开关装置、可抽出或可移开部件及联锁装置的机械动作的可靠性和准确性，并测量开关装置的机械行程特性和动作时间。如果开关装置已经在开关柜内进行过机械寿命试验，则无需再进行机械寿命试验，但对可抽出或可移开部件应进1000次的抽出和插入的机械寿命试验。

高压开关柜内的开关装置应进行50次分、合闸操作试验，可抽出或可移开部件进行抽出、插入各50次或推入、移出各25次的操作试验，以验证其操作的正确性。对高压断路器和快速接地开关等具有机械行程特性曲线的开关装置，进行操作试验时还要测量其机械行程特性和动作时间，以验证是否符合各自的技术要求。

对联锁装置应进行如下的机械操作试验：使联锁装置处于防止开关装置操作和可移开部件插入或抽出位置，对开关装置进行50次正常试操作，对可移开部件进行推入和移开各25次操作，其结果应该是：① 开关装置在闭锁状态下不能操作；② 在闭锁状态下可移开部件不能推入或移开；③ 联锁装置无变形和损坏，开关装置和可移开部件可正常操作。

联锁装置的机械操作试验对高压开关柜防止误操作而言是非常重要的试验项目，因此在设计联锁装置的联锁部件时必须考虑具有足够的机械强度，不但要保证在正常操作情况不变形和损坏，而且应保证在使用非正常过大操作力进行操作时，也不会损坏和变形，以确保不发生误操作。

6. 充气隔室的压力耐受试验、密封试验和气体状态检测

对具有充气隔室的高压开关柜，应进行压力耐受试验，以确保压力隔室的机械强度，并应进行密封试验以检验其密封性能是否满足允许漏气率的要求。

对具有压力释放装置的充气隔室应先进行相对压力为1.3倍设计压力的耐受试验，耐压时间1min，压力释放装置不应动作，继而进行3.0倍设计压力试验，压力释放装置应可靠动作，也可能不到3.0倍设计压力时压力释放装置就动作了，但只要符合生产厂家的设计要求即可。试验后压力隔室不能破裂，但允许变形。对于没有压力释放装置的充气隔室，应进行相对压力为设计压力3.0倍、耐压时间为1min的压力试验。

充气隔室中的气体状态应符合技术条件的规定，如水分含量等。

7. 防护等级检验

高压开关柜的外壳及其隔板、活门应符合技术条件规定的防护等级，按照电力

行业的要求，外壳的防护等级不得低于 IP3X，对于使用在户外的开关柜要进行防雨试验。外壳的防护等级设计应考虑到高压开关柜内的驱潮效果，应保证柜内气体的充分流通，防止柜内发生凝露，因此并非防护等级越高越好。

高压开产柜的外壳应具有一定的抗机械撞击的机械强度，对户内开关柜抗撞击水平为 IK07（2J）、对户外抗撞击水平应不低于 IK10（20J）。

8. 电磁兼容性试验（EMC）

随着高压开关设备向智能化方向的发展，高压开关柜内的辅助和控制回路将会包含有电子设备和元件，对于这些高压开关柜应进行相应的电磁兼容性试验，以考核其抗电磁干扰的性能。

试验内容如下：

（1）辅助和控制回路的发射试验。作为高压开关柜的辅助和控制回路一部分的电子设备，应进行电磁发射试验，试验只在典型的辅助和控制回路上进行，它应满足 GB 4824—2013《工业科学和医疗（ISM）射频设备骚扰特性限值和测量方法》中为第 1 组——A 级设备所规定的射频发射的要求，不再进行其他的试验。

（2）辅助和控制回路的抗扰性试验。高压开关柜内的电子设备和元件应进行电磁抗扰性试验，试验只在典型的辅助和控制回路上进行，试验包括：

1）电快速瞬态脉冲群试验，它模拟了在二次回路中开合引起的工况；

2）振荡波抗扰性试验，它模拟了在主回路中开合引起的工况。

上述两项试验后，二次回路不能发生永久性的损坏，并能继续运行，但某些部件的功能出现暂时丧失是允许的。

（3）直流电源输入接口的纹波抗扰性试验和电源输入接口电压跌落、短时中断和电压变化抗扰性试验。

直流电源输入接口的纹波抗扰性试验只对辅助和控制回路的电气元件和电子元件进行，试验按照 GB/T 17626.17—2005《电磁兼容试验和测量技术　电压波动抗扰度试验》的要求进行，试验水平为 2 级，纹波频率为 5 倍额定频率。

直流电源输入接口的电压跌落、短时中断和电压变化试验按照 GB/T 17626.29—2006《电磁兼容　试验和测量技术　直流电源输入端口电压暂降、短时中断和电压变化的抗扰度试验》的要求进行，交流电源接口按 GB/T 17626.11—2008《电磁兼容　试验和测量技术　电压暂降、短时中断和电压变化的抗扰度试验》的要求进行试验。

（4）辅助和控制回路除应进行上述 EMC 试验外，还应进行标准中规定的附加试验，如功能试验、接地连续性试验、辅助触头动作特性试验和环境试验等。

9. 内部电弧试验

高压开关柜进行内部电弧试验的目的是考核运行中出现内部电弧时对运行人员提供的防护等级是否满足保护人体所规定的要求，即是否达到内部电弧级开关设备和控制设备的要求（IAC 级）。内部电弧试验涉及运行人员的人身安全，所以电力部门要求所有高压开关柜均应进行内部电弧试验，试品应该是运行中所使用的产品。内部电弧试验应严格按照标准规定的试验方法进行，试验电流应为开关柜的额定短时耐受电流，持续时间为 0.5s 或 1s。

第二节　出厂试验和交接试验

一、出厂试验

高压开关柜的出厂试验是产品出厂发运之前把控产品技术性能和质量的最后一道关口，试验的目的是为了发现产品所使用的材料、元件、组装和生产过程中可能存在的缺陷或问题，以确保每台出厂的产品的技术性能和质量水平都符合技术条件的规定，且与已经通过型式试验的设备相一致，并作为现场交接试验的依据。为此，每台产品均应在生产厂家内进行整体组装，生产厂家也必须具备相应的整体安装条件和整台产品的出厂试验条件。

装用在高压开关柜内的开关装置和其他元件首先应按各自的标准进行出厂试验，在各个元件符合其各自标准中规定的出厂试验要求后，再进行开关柜的整体出厂试验。只有全部出厂试验合格后产品才能出厂，并应附有出厂试验报告。

出厂试验的项目，基本都是从型式试验项目中选出的且在工厂内容易实现的简单试验项目，既不会对产品的性能和可靠性造成损伤，又能确保其符合规定的技术性能和质量水平。高压开关柜的出厂试验应包括下述内容：

（1）主回路的绝缘试验。

（2）辅助和控制回路试验。

（3）主回路电阻的测量。

（4）密封性试验。

（5）SF_6 气体湿度的测量。

（6）机械操作和机械特性试验。

（7）设计和外观检查。

（8）充气隔室的压力试验。

（9）局部放电测量。

（10）联锁试验。

出厂试验的试验要求与型式试验基本相同，但部分内容又不完全相同，因此进行出厂试验应该注意以下几点：

（1）高压开关柜出厂试验中的主回路电阻测量应使用型式试验时的试验电流值，测得的阻值最大允许值不应超过型式试验时温升试验前测得的电阻值的1.2倍。也就是说，型式试验的温升试验前所测得的回路电阻值作为出厂试验的标准值，厂家不得随意自行规定主回路电阻值。如果出厂产品中主回路中装用的元件与型式试验时不同，应根据实际情况增加或减少相应元件的电阻值。

（2）高压开关柜内装用的SF_6开关设备在出厂试验中应进行SF_6气体湿度的测量，以判断充入合格的新SF_6气体后，产品的微水是否符合要求，从而证明各个部件的干燥处理是否合格。

（3）出厂试验中高压断路器等开关装置机械行程特性曲线的测量是必须进行的试验，其测量设备和方法应该与型式试验完全相同，而且型式试验的原始行程特性曲线是该型产品的标准曲线，出厂试验和交接试验所测得的曲线必须在原始曲线的包络线内。不能以断路器的分合闸速度、分合闸时间的测量代替行程特性曲线的测试。

（4）为了检验高压开关柜中所采用的有机绝缘材料的绝缘性能，应进行局部放电测量，对元件允许的局部放电量一般为：在$1.2U_r/\sqrt{3}$下不大于5pC。

（5）所有出厂试验项目完成后开关装置应进行一定次数的空载操作，其目的是减少运行初期的机械故障。

二、交接试验

高压开关柜安装、调试完成后，应进行现场交接试验，以确认经运输、储存、安装和调试后，设备完好无损，装配正确，所有技术性能指标符合技术条件规定，并与其出厂试验的数据相一致。现场交接试验是设备运行部门判断安装部门安装完成后能否验收和投入运行的关键性试验，因此运行部门要对交接试验的检测数据对照设备的出厂试验报告进行详细的分析和比较，以给出是否能够验收的合理判断。为了防止发生高压开关柜带“病”验收和投入运行的事件，运行部门应该派专门技术人员参加设备的全过程安装工作，以掌控设备的安装调试质量，使设备能够顺利地完成交接试验和成功投运。

高压开关柜的现场交接试验项目一般应包括下述内容：

（1）设计与外观检查，包括一般检查、电路检查、绝缘或灭弧用流体的检查。

（2）密封试验。

（3）主回路电阻的测量。

（4）机械操作试验和测量，包括时间参量的测量、行程特性曲线的记录、防跳装置和联锁功能的检查。

（5）主回路和辅助、控制回路的绝缘试验。

高压开关柜的运行管理

第一节　全过程管理

一、概述

设备全过程管理是综合设备工程学和过程管理学理论提出的一种管理方法，其基本理念、工作流程和实施原则等适用于各种工程设备的管理。但针对不同的使用者，全过程管理的范围和具体要求将有所不同，对电气设备中的开关柜而言，使用者的全过程管理包括选型、采购、监造、安装调试、运行、维护检修、改造更新与报废等环节；若是对针对制造断路器产品的全过程管理，则还需再加上研发、设计和制造这几个环节。实现设备全过程管理，就是要加强全过程中各环节之间的相互协调，从整体上保证和提高设备的可靠性、经济性，以充分发挥设备的综合效益。

我国电力系统很早就提出了“全过程管理”的理念，原水电部曾在1987年颁发过“电力设备全过程管理规定”，对管理体系和上述各个环节提出了具体要求。在这个规定中首先明确了管理体系的职责和组织结构，由生产部门负责总的协调；然后根据工作流程分成6个部分并分别做出了具体规定，其中包括设计和设备选用、设备的订购和监造检验、设备的安装与移交生产、生产准备工作、设备的试生产和生产管理；最后对工作表现还提出了奖罚条例，这个规定对当时工作的开展起到了很大的作用。随着科学技术的进步、管理和认识水平的提高，特别是近年来引入设备资产全寿命管理体系的推广，又促进了全过程管理工作的开展，实践表明做好该项工作对规范专业管理和提高管理水平很有帮助。全过程管理涉及的领域可分

8 个方面：① 设备选型；② 技术条件的确定；③ 设备监造与验收（包括工厂与现场）；④ 现场安装与交接试验；⑤ 运行、维护与缺陷处理；⑥ 设备状态评价与检修；⑦ 技术改造；⑧ 退役与报废。

本节将重点介绍选型原则、监造、安装、调试和验收投运，以及报废处理。

二、选型原则

高压开关柜的设备选型是变电站在规划建设初期首先要考虑的重要事项之一，设计和运行部门要根据变电站在电力系统中的位置、容量、投资规模、发展前景、环境条件，以及开关柜的用途、装用位置和运行工况等因素决定选用什么形式的高压开关柜和柜内的元件。

电力系统的运行可靠性取决于电气设备的可靠性，特别是处于电力系统配电终端、直接影响电力用户安全的高压开关柜的运行可靠性。工程中所用高压开关柜的选型对于系统运行可靠性将会起到重要的作用和深远的影响。工程设备选型工作是一项非常重要的前期工作，高压开关柜的选型应根据下述 4 项原则进行。

（1）高度的机械动作可靠性。高压开关柜特殊于其他电气设备之处是“静中有动”，它在运行中可能大多数时间处于静止状态、承载负荷电流，但电力系统一旦发生故障或需要改变运行方式，它就必须准确、快速、可靠地进行预定方式的操作，开合可能出现的各种形式的故障电流和负荷电流，保证电力系统持续、稳定地运行，如高压断路器开关柜。高压开关柜能是负责用电设备停送电的控制设备，它须能够准确可靠地开合负荷电流，如负荷开关柜、接触器柜及它们的组合电器柜。高压开关柜首先必须具备的第一功能就是柜内装用的高压开关设备具有高度的机械动作可靠性，因为没有正确的机械动作，其他功能就无法发挥作用，也就无法对电网进行有效的保护和控制。

（2）广泛的适用性。高压开关柜因内配主要元器件的不同，而具有不同的适用性，这对保证其自身和系统的运行安全十分重要。高压开关柜的适用性包括两个方面，其一要有相应的开合性能，能胜任规定工况下的可靠操作，其二要能在各种不同的环境条件下保持稳定运行。配电系统可能发生各种形式的故障，也可能进行不同负荷电流的切换，不同形式的故障和负荷，其开断或关合电流值相差甚大，开断条件各不相同，对主开关设备的开合性能和介质恢复特性也有不同的要求。只有根据不同的负荷要求选择不同功能的高压开关柜才能得到最佳性价比的高压开关柜。

（3）简便的维修性。由于供电可靠性的要求和电力在社会生产和生活中的重要性，停电机会和检修时间非常苛刻，所以对运行中的高压开关柜进行正常维修往

往往变得非常困难。因此，运行部门原则上要求高压开关柜应该是不需要检修的设备，但事实上很难做到。为了保证开关柜的运行可靠性，运行部门必须遵照生产厂家的规定进行检修维护。高压开关柜的设计，尤其主开关设备的选择和各种配套元件的选用应尽量考虑维修工作的简便。为保证检修工作的安全、提高检修工作效率，产品应配有相应的检修机具。

高压开关柜的运行可靠性也依赖于运行过程中的维修质量。维修的间隔和周期要根据开关柜的安装位置、重要性、结构形式和操作情况，即视运行状况确定。因此，应该选用结构简单、维护检修简便、用较少的维护费用就能保证足够的运行可靠性的产品。

（4）合理的经济性。高压开关柜选型时，除要考虑技术参数满足工程要求外，还应关心产品的经济性和环保性。产品的经济性是一个综合技术指标，它包括产品的生产成本、质量水平、技术参数、维修工作量、故障率、使用寿命等综合因素，它是设备研制费用、生产成本、运行费用及故障损失费用的总和。设备费用是一次性费用，运行费用是长期的，事故造成的社会影响和损失是无法预测的，高可靠性产品可以降低运行费用和事故率，减少和避免事故损失，但价格不一定低。因此高压开关柜在选型时应在技术性能和参数满足要求的基础上，对不同形式和生产厂家的产品质量、试验情况，以及运行中的故障率、所需进行的维护工作量等进行综合比较，切莫贪一时之利而为将来的运行安全带来隐患。

在技术性能和参数满足要求的前提下，要尽可能地选用相对环保型的开关柜设备。选择环保型的开关柜，不仅要考虑开关柜运行期间的环保要求，还应可虑开关柜及其配件在制造和报废过程中的环保问题，切记不可顾此失彼。

每个工程选用的高压开关柜均应根据实际使用条件，按照上述 4 项选型原则，经过详细的技术比较进行选型。同时在选型工作中还要顾及国家的技术政策、制造和试验水平、产品的技术发展方向和电网的发展等因素。选型要达到的目的是能保证系统的安全运行。

1. 高压开关柜形式的选择

高压开关柜按内装的开关设备（断路器或负荷开关、接触器、熔断器等）在柜内是固定安装还是装在可移动的小车上，分为固定式和可移开式两种。可移开式高压开关柜中的断路器（负荷开关或接触器）装在可移动的小车上，隔离开关的功能是通过隔离触头的插/拔实现的，检修时可以从柜内移出，便于主开关设备的检修、维护。选用固定式还是可移开式开关柜应该根据主开关设备的维护需求及对供电连续性的要求确定。对可移开式高压开关柜还应根据运行维护的要求选择不同的隔板等级，是 PM 级还是 PI 级。

不符合 GB 3906—2006 国家标准和 DL/T 404—2007 电力行业标准的高压开关柜不应选用，如敞开式 GG1A（F）型固定式高压开关柜。

2. 功能性选择

高压开关柜因配置的主要开关元件的不同而具有不同的功能。

开关柜内配用断路器时，由于断路器有控制和保护两种功能，故须配有继电保护装置，保护装置可集中布置在变电站的主控室内，也可按回路布置在高压开关柜内。

开关柜内配用负荷开关或负荷开关加熔断器时，可用于负荷电流的控制，没有继电保护装置，短路保护可由熔断器或上级断路器负责；开关柜内配用真空接触器加熔断器时，可用于频繁操作的电动机回路，如发电厂的输煤系统，短路保护由熔断器负责。回路中使用熔断器，可以降低该回路中的电缆等电气设备的动热稳定参数，从而降低设备的造价，但熔断器参数的选择却是非常重要的。

为了确保运行人员和操作人员的安全，应选择经试验验证满足在内部电弧情况下能保护运行人员安全规定的“内部电弧级开关柜”。

3. 按使用的环境条件选用开关柜

使用的环境条件与设备的运行安全关系重大，使用地点的气象条件，如温度、温差、海拔、湿热、凝露、污秽等，都会对开关柜的安全运行造成影响。因此，在设备选择上必须给予充分重视，应结合开关柜使用环境的具体情况，选用适合的产品。

（1）环境温度：国标规定的最高温度、最低温度各有两挡。高温地区要考虑的是额定电流的选择；低温地区（户内–25℃），要考虑低温对开关设备的机械性能、对二次（保护、控制）设备及元件的影响。

（2）海拔高度：超过 1000m 的使用场所，在选用设备时，其外绝缘要按标准进行修正。

（3）环境湿度：在湿度大或沿海地区，凝露会经常发生，为满足在这种环境下安全运行的要求，应选用按高湿度和凝露环境条件设计和试验验证的产品，如气体绝缘金属封闭开关设备，固封极柱式断路器的开关柜，或者空气间隙较大的开关柜。同时对柜内的加热驱湿装置需做优化设计，以降低或减小湿度和凝露的影响。此外，还可通过改善外部条件来改善开关柜的运行环境，如可以选用特殊设计的建筑物，采用空调、通风去湿等措施。

（4）污秽：户内开关柜同样会受到污秽的影响，应按 DL/T 593—2006 要求选择外绝缘爬电距离。

4. 关于主接线

（1）主接线一般是根据对供电的可靠性的要求确定的。但是，高压开关柜更适宜选择较为简单的单母线或单母线分段的接线形式，因为带旁路或双母线的接线形式会使高压开关柜的结构变得复杂，较难实现机械联锁，以致降低运行可靠性。目前国内外生产的真空断路器（负荷开关、接触器）已达到少维护和免维护的水平，所以取消旁路母线是可行的。为解决双电源供电问题，可在供电网络上采取措施，应尽量避免采用双母线接线。

（2）开关柜内一次接线中的避雷器、电压互感器等设备必须经隔离开关或隔离插头与母线相连，严禁与母线直接连接。当隔离手车抽出后，隔离断口带电部位必须由可靠接地的金属活门进行遮挡。

三、技术参数和产品结构的选择

1. 额定短路开断电流

装用断路器的高压开关柜，断路器的额定短路开断电流应满足近期系统短路电流的要求，还应考虑一定的裕度。高压开关柜一般在10～35kV电网中使用（厂用电的电压等级为3～6kV）。我国的《城（电）网规划及建设导则》规定，在10～35kV电网中的短路电流一般不要超过31.5kA。因此，在选择高压开关柜额定短路开断电流水平时，除了要考虑使用地实际要求和发展需求外，一般不要超过31.5kA。高压开关柜内各串联元件的动热稳定水平应与断路器的额定短路开断电流或主开关的额定短时和峰值耐受电流相对应。

2. 额定电流

确定额定电流时应考虑设备所在地系统今后提高输送容量的可能性并留有裕度，同时还要注意以下两个问题：

（1）高压开关柜是由多个高压电气元件串接到一起的成套装置，因此其额定电流是由多个高压电气元件中额定电流最小的元件所决定的。

（2）运行经验表明，设备运行一段时间后，当运行电流达到或接近断路器、隔离开关（插头）的额定电流水平时，可能会发生影响安全运行的过热现象。因此在确定额定电流时必须留有适当的裕度。对于3100A及以上的大电流开关柜，应优先选用在无通风装置状态下通过温升试验的产品，如满足不了运行要求，则应选择有强迫通风装置的产品。对具有强迫通风装置的产品，应明确在多大电流时需要投入风机，并应有相应的试验报告，同时希望能具有自动投切功能。

3. 绝缘水平

我国10～35kV电网是中性点不接地或经消弧线圈接地的系统，因此，高压开关柜的额定绝缘水平应按中性点不接地系统的要求选择。我国工厂制造的产品均是按此标准要求进行设计的，但国外产品则有许多是按中性点接地系统绝缘水平设计的，在选用时必须注意。

4. 防护等级

开关柜是金属封闭设备，在运行中要发热，防护等级太高，比如 IP5X 及以上，将会影响散热，且易产生凝露。因此开关柜的防护等级的选择必须充分考虑设备在运行中的散热通风和驱潮。

5. 产品形式和结构要求

（1）选用空气绝缘及以空气和绝缘隔板组成的复合绝缘作为开关柜绝缘介质时，其相间和对地的最小空气净距应满足表 5–1 的要求。

表 5–1　　相间或相对地空气绝缘净距要求

额定电压（kV）	空气绝缘高压开关柜的绝缘间隙（mm）	复合绝缘开关柜的最小空气间隙（mm）
12	≥125	≥30
24	≥180	≥45
40.5	≥300	≥60

对于在母线排转弯处、接地开关传动连杆等个别地方不能满足上述要求的开关柜，应以空气/绝缘材料的复合绝缘作为绝缘介质，并按标准要求进行开关柜凝露试验和绝缘材料老化试验，而且应保证最小空气间隙符合上述要求。招标采购时，生产厂家应提供相应型式试验报告。

（2）开关柜进出线室设计在柜后开门时，进出线室与对应的开关柜前门之间应增加金属隔板，将进出线室与前门进行隔离。开关柜进出线接地开关的操作把手插孔位置应设置在开关柜柜体的正面。开关柜前后观察窗均应采用厚度不应小于 10mm 的防爆玻璃材质，并应通过内部电弧试验的考核。

（3）开关柜应有可靠的“防误”闭锁功能。为防止人员误触带电部位，装有接地开关的进出线隔室，接地开关与进出线隔室的门或封板之间应设有机械闭锁，使得只有在主回路不带电、接地开关合闸时，进出线隔室的门或封板才允许打开。

当隔离手车抽出后，隔离断口带电部位必须由可靠接地的金属活门进行遮挡，且应有机械闭锁。

（4）对于额定电流较大或负荷有较大发展的回路，接地开关宜选用双接线，以避免使用大截面电缆时可能给安装、试验带来的困难。

（5）开关柜的侧板、母线桥盖板、安装触头盒的金属隔板应采用非导磁材料或其他措施，防止产生涡流效应。

（6）进出线柜的进出线隔室应安装带电显示器装置，母线联络柜、分段隔离柜的断路器、隔离车下口侧应安装带电显示器，站用变、TV 间隔的熔断器车下口侧也应安装带电显示器。TA 宜选用双抽头变比，以适应负荷的变化。

（7）开关柜内的断路器应采用操动机构与本体一体化的产品，禁止选用分体式产品。开关柜内互感器应采用耐电弧、耐高温、阻燃、低毒、不吸潮且具有优良机械强度和电气绝缘性能的固体绝缘一次浇注的产品。开关柜内 10kV 站用变压器应采用干式产品，开关柜内 10kV 避雷器应采用复合外套产品。

（8）为保障人身安全，严禁选用前、后门有泄压通道的开关柜。

（9）选用固体绝缘开关柜时应该注意以下 3 点：

1）应选用具有相应检测和试验条件的工厂的产品；

2）固体绝缘部件的局部放电量应≤5pC，并在开关柜组装前进行工频耐压和局放测试；

3）固体绝缘部件应进行泄漏电流试验。

6. 内部电弧等级的选择

为保证运行维护人员的人身安全，应选用经过型式试验验证的 IAC 级开关柜，短路持续时间不小于 0.5s。

7. 关于开关柜的小型化

减小变电站的占地面积，是变电站建设的重要原则之一。但变电站的占地面积是由变压器，变压器的高、低压侧配电设备，以及其他设备的总体布置方式确定的。因此，当开关柜的大小不是变电站占地的关键因素时，不应单纯追求高压开关柜的小型化，开关柜的小型化不能以牺牲开关柜的绝缘裕度和运行可靠性为代价。一般 12kV 空气绝缘断路器开关柜的最小宽度不要小于 800mm。

8. 型式试验

型式试验可验证高压开关柜的结构设计、元件和材质的选择是否满足其所需技术功能的要求。因此，选用的高压开关柜，其结构、配套的元件、材质和性能参数应与通过型式试验的开关柜的结构、元件、材质和性能参数相一致。

四、监造

监造的目的是督促供应商严格执行质量管理体系，保证批量供应产品与型式试验样品的一致性。

开关柜监造工作应通过巡检、抽检、关键点见证等方法进行。

（1）巡检是指对开关柜供应商的产品设计、生产装备、原材料和组部件检验、工艺流程、出厂试验等进行巡回检查。检查内容包括：

1）审查供应商的质量管理体系；

2）审查供应商的生产装备、工艺流程、产品设计等；

3）查验原材料、组部件的检验记录、试验记录等；

4）查验设备装配和出厂试验等。

（2）抽检是指由买方委托的抽检单位按照一定比例对开关柜供应商的产品进行抽样检验。检查内容包括：

1）检验产品、材料关键参数；

2）查验检验记录、试验记录等；

3）审查供应商的试验设备、试验条件等；

4）有必要时，要抽检一两项试验项目。

（3）关键点见证是指对设备、材料制造过程中的关键点进行文件见证、现场见证或停工待检。主要内容有关键工序、试验过程、技术文件、包装储运等。

严格开关柜元部件质量控制，优先选取LSC2类（具备运行连续性功能）高压开关柜，一次接线必须符合工程设计的要求，元件的选择、产品装配、结构布置，既要符合技术协议和反措要求，又要保证供货产品的内部耐受电弧等级、温升、机械特性等主要试验性能指标与型式试验指标保持一致。

（4）出厂验收是指组织专业技术人员到生产厂家进行出厂验收。检查开关柜结构及配置的元器件是否符合订货技术条件及有关标准规定，并根据DL/T 404—2007进行出厂试验，出厂试验项目包括：

1）主回路的工频耐压试验；

2）辅助回路和控制回路的工频耐压试验；

3）局部放电测量；

4）测量主回路电阻；

5）机械性能、机械操作及机械防止误操作装置或电气联锁装置功能的试验；

6）仪表、继电器元件校验及接线正确性的检定；

7）SF_6断路器漏气率、含水量的检验；

8）在使用中可以互换的具有同样额定值和结构的组件，应检验互换性；

9）电气、气动、液压辅助设备的试验；

10）充气隔室的压力试验；

11）固体绝缘柜工频泄漏电流测量。

每台开关柜均应在工厂内进行整台组装并进行出厂试验。出厂试验结果应与型式试验结果相接近，误差在许可范围内，且出厂试验的技术数据应随产品一起交付招标人。产品在拆前应对关键的连接部位和部件做好标记。各单位对批量采购的开关柜可组织开展关键性能抽检，保证供货产品的内部耐受电弧等级、温升、机械特性等主要性能指标与型式试验一致。

五、安装、调试和验收

1. 高压开关柜的安装

高压开关柜应按生产厂家提供的安装说明书和现场施工的要求进行安装，并要注意下列几点：

（1）开关柜安装前，首先应检查安装基础是否合格，以及检查基础槽钢布置及开关柜一、二次电缆开孔。

（2）拆箱后，应首先保管好随箱文件资料，并根据装箱单检查随柜备件、附件是否齐全，并做相关记录，然后检查开关设备有没有明显的损坏，如没有问题，可吊装就位进入安装。

（3）彻底清扫开关柜内的灰尘和异物，对所有绝缘件的内外表面用工业酒精或丙酮仔细擦拭干净，对有裂纹或破损的绝缘件应及时更换。

（4）将开关柜按主接线图的排列顺序放置在基础槽钢上，调整好成组装开关柜的直线度，即垂直度与水平度，然后用 M12 螺栓或用点焊方法将开关柜紧固在基础的槽钢上，紧固螺栓应用力矩扳手，力矩应符合生产厂家的要求。

（5）用 M12×30 螺栓进行柜间连接，紧固螺栓应用力矩扳手，力矩应符合生产厂家的要求。

（6）安装主母线，打开母线室顶盖板进行安装，安装好后紧固顶盖板，连接母线时接触面应平整、无污物，有污物时应除净，并涂中性凡士林油。

（7）安装一次电缆，电缆头制作完后，将电缆头固定在支架上，电缆与母线接触面应平整，接触面上涂中性凡士林油后即可连接，并紧固之。电缆施工完后应用隔板将电缆室与电缆沟封隔，电缆沟口应用防火材料封堵，封堵厚度应达到电缆防火的要求。

（8）连接柜体间接地母线，使沿开关柜排列方向连成一体，检查工作接地和保护接地是否有遗漏，接地回路是否连续导通，工作接地电阻应不大于 1000μΩ，保护接地电阻不大于 4Ω。

（9）安装二次回路电缆，电缆进入继电器室，分接到相应的端子排上，施工时应注意电缆、端子编号不漏穿或穿错，二次电缆施工完后，注意勿忘封盖电缆孔。

2. 高压开关柜的调试和交接试验

高压开关柜安装结束后即可按规定对柜内相关元件和装置进行调试，当这些元件的功能满足要求后方能进行交接试验。可以认为调试是施工单位对经过运输、安

装过程后各元（部）件性能的调整和测试，使其达到规定的技术性能，重点可能偏向于元（部）件；交接试验则是用户在现场通过相应的方式，检查、验证设备整体上是否符合规定的技术要求，只有通过交接试验的设备才具备投运的条件。

调试项目可分为一次元（部）件、二次部分及有关装置的安防功能，内容上还可细分成电气和机械性能两个部分，但无论如何最终调试结果都须符合各自的技术条件。需要指出的是调试前要根据订货资料查对柜内安装的各电气元件型号、规格是否相符；各连接处、紧固件是否有松动；检查二次接线是否符合图样要求；开关柜的结构及机械联锁装置与图样是否一致，虽然从项目上看这与验收要求一样，但此时的检查目的是为了顺利开展调试工作，如有不对又没纠正的话调试等于白做。高压开关柜由于组成的元件较多，调试须分别对每个元件进行，试验结果除了应符合标准产品技术条件要求外，与出厂试验值的对比也很重要，有时虽然能符合标准但与出厂值相差较大，此时要认真查找原因，因为很可能会存在某种隐患。二次部分调试包括操作和保护内容，具体内容应符合二次要求，就地/远方操作、保护传动均应做到无误，特别是利用断路器本身实现保护作用的装置，如防跳跃装置和联锁装置，必须是可靠的。多年的运行经验证明高压开关柜要求的“五防”功能是非常重要的安全措施，安全可靠的联锁装置可以减少和避免人员伤亡和设备损坏事故，大大降低人身和设备的故障率。

严格地讲调试与交接试验并没有明确的分界线，有时为提高效率并避免重复工作，有些交接试验项目可以在施工单位与监理和/或用户的共同参与下进行，如整个回路电阻的测量，互感器、避雷器性能，断路器的机械性能等。

调试完成后高压开关柜可以安排交接试验，交接试验全部合格后，即可进入设备验收阶段。开关柜调试和交接试验的主要内容见附录A。

3. 高压开关柜的验收

验收工作是保证设备顺利投运及以后安全运行的不可缺失的重要环节，也是设备投运前把守的最后一个关口。高压开关柜的验收应由运行部门负责，安装、监理、制造部门配合。电气设备的验收是电力工程的一部分，与许多专业相关联。为保证设备投运前验收工作的有效进行，验收单位应制定详尽的验收工作指导书，明确验收工作各环节的内容、相关联的专业、时间顺序、方法及参加的验收人员。

（1）验收的必备条件。设备安装（检修）调试完毕，各项检测和交接试验结果合格，同时完成了相关的辅助工程。

（2）验收依据。国家、电力行业有关标准，设备订货技术条件和国家电网公司《预防交流高压开关设备事故措施》。

（3）验收过程中的主要环节、手段。参与安装调试过程是验收工作的重要手段之一，在此过程中可以查验设备的各主要安装（检修）环节是否满足相关要求，如调试方法是否符合要求。

（4）验收工作的主要内容：

1）查验安装（检修）记录和安装（检修）报告，查验调试和交接试验报告，各项数据应符合“验收依据”要求；

2）柜体的表面及结构（相间、对地距离）检查；

3）一次元件的检查、二次回路的检查、接地（柜体间接地的连接、接地体截面）是否满足要求等；

4）联锁装置及相关结构应符合“五防”要求，操作要安全、可靠，机械联锁元件应有足够的机械强度。

高压开关柜验收的主要内容详见附录B。

六、投运

1. 投运前的准备

（1）运行人员应经过培训，熟练掌握高压开关柜的工作原理、结构、性能、操作注意事项和使用环境等。

（2）备齐操作所需的专用工具、安全工器具、常用备品备件等。

（3）根据系统运行方式，编制设备事故预案。

2. 投运的必备条件

（1）设备交接验收合格并办理移交手续。

（2）设备名称、运行编号、标志牌齐全。

（3）运行规程齐全、人员培训合格、操作工具及安全工器具完备。

3. 高压开关柜投运前的检查

再次确认设备完好、二次接线正确，所有接地装置（包括临时接地线）均已解除。

4. 开关柜的投运操作

（1）接通操作、控制、信号、照明等电源。

（2）除进线断路器外，其余回路的隔离开关和断路器均处于分闸且非自动状态，合上进线断路器给主母线送电进行核相。

（3）合上有电压互感器的开关柜的隔离开关（插头），检查电压表指示是否正确，若正确继续往下进行，如是单回路进线有电压差，可仅在二次回路改接线。

（4）如母线有分段或双母线双主变压器，合上母线分段开关（也可利用核相电压互感器小车），测量两段母线电压，若正确继续往下进行，如有电压差说明母

线相序有问题，必须要停电检查。

（5）如有多回路进出线也须分别进行核相。

（6）合上避雷器、站用变压器，隔离开关及有关辅助的电气使其投入运行。

（7）依次合上馈线柜断路器，检查电流表是否正确。

通常高压开关柜由多个拼接组成一个变电站，因安装环境限制或其他客观原因，开关柜的母线排会出现转弯，这时可能会出现相序不对问题，故核相是投运时的一个重要环节。

七、投运后的试验

1. 执行状态检修的例行试验

（1）例行试验应按照国家电网公司《输变电设备状态检修试验规程》中相关规定执行。

（2）例行试验完成率应达到 100%，例行试验应严格按照标准化作业指导卡的要求进行，保证安全生产和试验质量。

（3）例行试验合格者，试验完毕后应及时出具正式的试验报告；如试验不合格，且缺陷等级为危急或严重者，应在试验完毕一天内出具报告，并在试验完毕后立即出具初步分析结论。

2. 预防性试验

执行 DL/T 596—1996《电力设备预防性试验规程》的有关规定。

（1）高压开关柜的试验项目、周期和要求见表 5–2。

表 5–2　　高压开关柜的试验项目、周期和要求

序号	项　目	周　期	要　求	说　明
1	辅助回路和控制回路绝缘电阻	（1）1～3 年； （2）大修后	绝缘电阻不应低于 2MΩ	采用 1000V 兆欧表
2	辅助回路和控制回路交流耐压试验	大修后	试验电压为 2kV	
3	断路器行程特性曲线	大修后	应符合生产厂家规定	如生产厂家无规定可不进行
4	断路器的合闸时间，分闸时间和三相分、合闸同期性	大修后	应符合生产厂家规定	
5	断路器、隔离开关及隔离插头的导电回路电阻	（1）1～3 年； （2）大修后	（1）大修后应符合生产厂家规定； （2）运行中应不大于生产厂家规定值的 1.5 倍	隔离开关和隔离插头回路电阻的测量在有条件时进行
6	操动机构合闸接触器和分、合闸电磁铁的最低动作电压	（1）大修后； （2）机构大修后	参照表第三章第三节	

续表

序号	项　目	周　期	要　求	说　明
7	合闸接触器和分合闸电磁铁线圈的绝缘电阻和直流电阻	大修后	（1）绝缘电阻应大于2MΩ； （2）直流电阻应符合生产厂家规定	采用1000V绝缘电阻表
8	绝缘电阻试验	（1）1～3年（12kV及以上）； （2）大修后	应符合生产厂家规定	在交流耐压试验前、后分别进行
9	交流耐压试验	（1）1～3年（12kV及以上）； （2）大修后	试验电压值按DL/T 593—2006规定	（1）试验电压施加方式：合闸时各相对地及相间，分闸时各相断口； （2）相间、相对地及断口的试验电压值相同
10	检查电压抽取（带电显示）装置	（1）1年； （2）大修后	应符合生产厂家规定	
11	SF_6 气体泄漏试验	（1）大修后； （2）必要时	应符合生产厂家规定	
12	压力表及密度继电器校验	1～3年	应符合生产厂家规定	
13	“五防”性能检查	（1）1～3年； （2）大修后	应符合生产厂家规定	“五防”：① 防止误分、误合断路器；② 防止带负荷分、合隔离开关；③ 防止带电（挂）合接地（线）开关；④ 防止带接地线（开关）合断路器；⑤ 防止误入带电间隔
14	对断路器的其他要求	（1）大修后； （2）必要时	根据断路器型式，按产品交接试验的有关规定	
15	高压开关柜的电流互感器	（1）大修后； （2）必要时		

（2）配真空断路器的高压开关柜的各类试验项目。

定期试验项目见表5–2中序号1、5、8、9、10、13。

大修后试验项目见表5–2中序号1、2、3、4、5、6、7、8、9、10、13、15。

（3）配 SF_6 断路器的高压开关柜的各类试验项目：

定期试验项目见表5–2中序号1、5、8、9、10、12、13。

大修后试验项目见表5–2中序号1、2、3、4、5、6、7、8、9、10、11、13、14、15。

（4）负荷开关柜和负荷开关–熔断器组合电器柜试验项目：

定期试验项目见表5–2中序号1、8、9、10、13，以及负荷开关、熔断器元件回路电阻的测量。

大修后试验项目见表5–2中序号1、6、7、8、9、10、13、15，以及负荷开关

的机械特性，负荷开关、熔断器元件回路电阻的测量。

（5）接触器柜和接触器–熔断器组合电器柜试验项目：

1）定期试验项目见表 5–2 中序号 1、8、9、10、13 及接触器、熔断器元件回路电阻的测量。

2）大修后试验项目见表 5–2 中序号 1、6、7、8、9、10、13、15，以及接触器的机械特性，接触器、熔断器元件回路电阻的测量。

（6）其他形式高压开关柜的各类试验项目：

其他形式，如计量柜、电压互感器柜和电容器柜等的试验项目、周期和要求可参照表 5–2 中有关序号进行。柜内主要元件（如互感器、电容器、避雷器等）的试验项目按《电力设备预防性试验规程》的有关章节规定进行。

八、报废和处理

开关柜报废是指设备因自身性能或技术、经济等原因，不能满足电网安全、经济运行要求，技术改造意义不大，需退出电网运行。开关柜具备下列条件之一可考虑报废：

（1）开关柜整体达到运行使用寿命，经过评估后不能保证安全运行的。

（2）柜体或主要一次元件已经不能使用，且无备件可换的，或虽可更换但是经济上不合理的。

（3）在设计和制造中存在先天缺陷通过改造难以保证安全运行的。

（4）根据运行状态、试验结果等判定开关柜难以通过维护和检修再继续安全运行的。

第二节 运行巡视和操作

一、运行巡视

投入电网运行和处于备用状态的高压开关柜必须定期进行巡视检查，对各种值班方式下的巡视时间、次数、内容，运行单位都应做出具体规定。

1. 正常巡视

（1）设备新投运及大修后，巡视周期相应缩短，72h 以后转入正常巡视。

（2）有人值班的变电站每次交接班前巡视 1 次。

（3）无人值班的变电站每月不得少于 2 次巡视，也可结合设备操作时进行。

（4）根据天气、负荷情况及设备健康状况和其他用电要求进行特巡。

2. 特殊巡视

遇有下列情况，应对设备进行特殊巡视：

（1）设备负荷有显著增加；

（2）设备经过检修、改造或长期停用后重新投入系统运行；

（3）设备缺陷近期有发展；

（4）恶劣气候、事故跳闸和设备运行中发现可疑现象；

（5）法定节假日和有重要供电任务期间。

二、巡视检查项目及标准

1. 正常巡视项目

正常巡视项目应按表 5–3 的项目、标准要求进行巡视检查。

表 5–3　　高压开关柜巡视检查项目和标准

序号	检　查　项　目	标　　准
1	标志牌	名称与编号齐全、完好
2	外观检查	无异声、无过热、无变形等异常
3	表计	指示正常
4	操作方式切换开关	正常在“远控”位置
5	操作把手及闭锁	位置正确、无异常
6	高压带电显示装置	指示正确
7	位置指示器	指示正确
8	电源小开关	位置正确
9	照明、加热装置	照明正常，加热器按规定投入并工作正常

2. 特殊巡视项目

（1）恶劣气候（雷雨、雾、雪等）：瓷套管有无放电、起晕现象，重点观察易污秽的瓷表面，温度骤变时，还要检查注油设备油位变化及有无渗漏油等情况；

（2）节假日时：监视负荷变化情况；

（3）高峰负荷期间：监视设备温度，触头、引线接头，特别是限流元件接头有无过热现象，设备有无异常声音；

（4）短路故障跳闸后：检查油断路器有无喷油，油色及油位是否正常，合闸

熔断器是否良好，断路器内部有无异音；

（5）设备重合闸后：检查设备位置是否正确，动作是否到位，有无不正常的音响或气味。

三、操作

符合国家标准和电力行业标准的高压开关柜都有保证开关设备各部分正确操作程序的机械联锁和电气联锁。但是强行解锁仍可能发生“误操作”从而导致设备损坏和人员伤亡事故，故操作人员对开关设备各部分的投入和退出，应严格按操作规程和生产厂家技术文件的要求进行，不得随意操作。

1. 操作原则

为保证开关柜的安全操作，必须严格遵守以下规则：

（1）操作前及合线路侧接地开关前应检查带电显示装置指示是否正确。

（2）送电操作前应检查并确认接地开关、隔离开关和断路器是否在分闸位置。

（3）小车断路器送电时，必须将断路器手车摇至“工作”位置，在确定上下触头接触良好后，遥控合上断路器（负荷开关）。

（4）停电操作：停电（分开相关断路器）、验电（相关回路电流表指示为零、带电显示装置灯灭）、挂地线（合上接地开关）。

（5）断路器（负荷开关、接触器）运行中不允许就地手动或电动分、合闸。

（6）严禁在运行中装、拆后封板。

2. 关于开关柜的联锁

开关柜的联锁功能以机械联锁为主，辅之电气联锁实现开关柜“五防”联锁的要求。开关柜联锁功能的投入与解除，大部分是在正常操作过程中同时实现的，不需要增加额外的操作步骤。当操作受阻时，应分析受阻原因（是否操作程序有误），万万不可不加分析地强行操作，否则，容易造成设备损坏，甚至引起事故。

3. 断路器（负荷开关、接触器）在柜内的分、合闸状态确认

断路器的分、合闸状态可由断路器的手车面板上分、合闸指示牌及仪表室面板上分、合闸指示灯来判定。若透过柜体中面板观察窗看到手车面板上绿色的分闸指示牌和带电显示装置灯灭，则判定断路器处于分闸状态，此时如果辅助回路插头接通电源，则仪表室面板上分闸指示灯亮；若透过柜体中面板观察窗看到手车面板上红色的分闸指示牌，则判定断路器处于合闸状态，此时如果辅助回路插头接通电源，则仪表室面板上合闸指示灯亮，带电显示装置也会有指示。

第三节 技 术 监 督

一、运行监督

对运行中高压开关柜的重点监督项目、方法及标准或要求见表 5–4。

表 5–4 对运行中高压开关柜的重点监督项目、方法及标准或要求

监督项目	监督方法	标准或要求
开关柜运行记录	检查运行巡视记录	应按要求记录断路器开断故障记录、隔离开关操作次数、负荷开关和接触器开断转移电流和交接电流的次数、熔断器承载过电流情况、SF_6压力等
导电回路	测温记录	应定期测温，不应有过热情况
预试项目及周期	检查试验报告	应按照 DL/T 596—1996 的要求做好开关柜设备的各项预试项目，试验结果应符合规程要求
设备缺陷消除情况	检查消缺记录	对设备运行中出现的缺陷，要根据缺陷管理要求及时消除，并做好缺陷的统计、分析、上报工作
事故分析情况和反事故措施制订	检查事故分析记录	对设备运行中发生的事故，应进行事故分析工作，制订反事故技术措施，并做好事故统计上报工作

（1）高压断路器开断故障电流后，要做好记录。每年定期对累计开断短路电流值（折算后）进行核算，并与厂家规定值比较。熔断器开断故障电流后，也应做好记录。

（2）每年定期检查高压开关动作计数器，高压开关累计动作次数要不大于厂家规定次数。

（3）对可能触及的高压开关柜外壳和盖板定期进行红外测温，其温升不得超过 30K。

二、绝缘监督

（1）各级绝缘监督部门应有齐全的高压开关柜绝缘监督台账及档案资料，根据绝缘监督计划，按时完成高压开关柜的例行试验等绝缘监督工作。要严格执行输变电设备缺陷管理制度，记录包括高压开关柜缺陷发现、处理、执行等环节的主要工作，分析、上报疑似家族缺陷设备，普查、统计、整改设备家族缺陷。对出现的严重故障或异常情况，需进行必要的定量、定性分析，并形成专业分析报告。

（2）开展技术革新，积极推广应用先进、成熟、可靠、有效的状态监测与故障诊断技术，提高对高压开关柜绝缘监督工作的技术和管理水平。

三、检修监督

要做好高压开关设备的检修监督工作，对开关柜检修的重点监督项目、方法及标准或要求见表 5–5。

表 5–5　　对开关柜检修的重点监督项目、方法及标准或要求

监督项目	监督方法	标准或要求
检修周期	检修计划	应按有关规程规定的检修周期制订检修计划，检修部门根据检修计划进行检修，不得超期
检修方案的确定	检修方案	在停电范围内的检修项目应齐全，不应缺项、漏项，检修工作的安全措施、技术措施、组织措施应齐全
施工条件与要求	现场检查	检修现场应有防潮、防尘、防火等措施
外绝缘瓷绝缘子表面	现场检查	瓷绝缘子表面应清洁；瓷套、法兰不应出现裂纹、破损或放电烧伤痕迹
断路器手车检修	检修记录	严格按照断路器手车检修工艺进行检修与试验
负荷开关检修	检修记录	严格按照负荷开关检修工艺进行检修与试验
接触器检修	检修记录	严格按照接触器检修工艺进行检修与试验
弹簧操动机构的检修	检修记录及现场查看	外观应无锈蚀、腐蚀情况，机械特性符合要求
大修后的调整与测量	工艺卡	应严格按照有关检修工艺进行调整与测量，机械操作等参数应符合技术要求
检修后的试验	试验记录	试验项目应齐全，试验结果应符合有关标准、规程要求
大修总结	大修总结报告	检修人员应认真编写检修工作报告，并将有关检修资料归档。开关柜监督专责人应对检修报告进行审核，并检查有关记录

（1）根据检修计划进行高压开关柜检修，确保及时。检修项目应对应检修分类（详见表 6–1 中“检修分类”），不应缺项、漏项，保证检修工作顺利进行的安全措施、组织措施、技术措施“三措”齐全。

（2）严格按照检修工艺进行各个项目的检修，各项特性参数满足技术要求：外绝缘应清洁完好，无损坏裂纹等；灭弧室无变色、漏气，触头磨损应在生产厂家规定的范围内，如不在，则应修复或更换；操动机构各传动部件无磨损，动作特性符合技术要求；微动开关、辅助开关、接触器等部件动作正确；导电回路电阻应符合技术要求；“五防”功能检查，电气及机械闭锁应符合正确操作的逻辑，闭锁可靠；开关设备的就地、遥控操作等传动试验，应正确可靠。

高压开关柜的维护保养与检修

第一节 检修原则

高压开关柜的检修随着电网的发展经历了多个不同的阶段。在电网发展初期，由于系统容量小、电压低、操作少，网架结构简单，供电可靠性要求不高，其检修策略是故障后检修，亦称事后检修。这种方法看似检修工作量少，但故障损失大、检修费用高，关键是没有任何预防意识，发生了许多本可以不发生的事故，使得供电可靠性得不到保证。

随着电网的发展，高压开关柜结构的不断改进及装用量的日益增长，电力供应对社会经济的重要性日益显著，尤其是用户对供电可靠性的要求不断提高，使得供电部门必须提高高压开关柜的运行可靠性、降低故障率以适应社会的发展。此时对高压开关柜的检修策略提高为带有预防性的“定期检修”原则，即由生产厂家根据产品的制造情况和型式试验情况，首先设定一个检修周期，运行部门根据运行经验对运行中的高压开关柜的检修周期再做一次调整，使得开关柜在规定的时间内进行小修和大修，以减少或避免突发性故障，确保在检修周期内高压开关柜内主开关设备的运行可靠性。在这一检修原则指导下，高压断路器的检修要求是“到期必修、应修必修、修必修好”。定期检修的原则在我国一直延续到20世纪末、21世纪初。随着电力系统的不断发展和社会用电量的持续增长，高压开关柜的装用量飞快增长，再按检修周期进行定期检修已变得非常困难，超期检修、长期不修的现象比比皆是，定期检修的检修原则已经不能适应电网发展和供电可靠性的要求。为此，进入 21 世纪后，我国电力系统开始研究以状态检修替代定

期检修的方法，目前已经实施完全状态检修。所谓状态检修，就是先对运行中的高压开关柜的运行状态做出评估再确定是否需要检修、以及需要什么样的检修，是小修还是大修。状态检修是在高压开关柜制造水平、运行可靠性不断提高，状态监测和故障诊断技术不断完善和提高的基础上，在定期检修的方法已经不可能实施的情况下出现的一种新的检修方法，它比定期检修灵活、合理、经济、针对性强，缺点是仍有一个周期，但是延长了的周期。状态检修是事后检修的升华，又是定期检修的延伸。

随着运行部门对电力企业资产全寿命周期管理认识的不断提高，高压开关柜的检修原则可进一步提升为“可靠性检修”的概念，检修工作已不是单纯从恢复高压开关柜功能为目的，还要综合考虑开关柜的使用价值和运行可靠性。何时进行检修要与设备的运行状态、检修成本（如人工、备品备件费用以及停电时机、停电的损失等）和系统运行可靠性联系起来综合考虑，至此检修工作的内涵已与传统观念的检修有了很大的差别。当然要真正做到这点还有很长的路要走。在今后相当一段时间内，高压开关柜的检修原则应该是“状态检修，应修必修，修必修好”。

需要指出，贯彻“状态检修，应修必修，修必修好”检修原则的同时应注意两个问题，一是开关柜在运行中由于各种原因可能会发生突发故障，这将会增加临时性检修和抢修的次数，同时对设备在运行中的突发故障或缺陷可能引起的停电检查和检修须有必要的考虑和准备，要有必要的应对预案和抢修措施。二是随着电网的发展，高压开关柜装用量的增加，高压开关柜制造工艺、装配工艺的精密度不断提高，运行部门已经在逐渐改变以往对开关柜要用好、管好、修好、改好的管理观念，而只负责正常的、简单的运行维护工作和运行中的紧急缺陷处理工作，将检修或技术改造工作则委托给有资质的专业检修单位。这种检修策略的重点已不是自己如何修好，而是如何能有效地做好检修监督和验收工作，以确保检修质量。

开关柜的检修必须认真贯彻“安全第一、预防为主”的方针，坚持“应修必修、修必修好”的原则，积极开展，慎重对待，杜绝失修，保证设备安全、可靠、稳定运行。

高压开关柜在开展检修工作之前，一般应做好下述几项工作：

修前技术性能测试、明确检修级别和检修项目、落实准备工作（包括工具、消耗性材料、备品备件等）、落实安全措施和检修人员的人身防护措施等。在进行检修工作之前，运行单位应根据开关柜在运行中的表现和存在的问题，结合运行年限和上次检修的时间和内容、主开关的动作次数、开断故障电流或负荷电流的次数和累计开断电流值，再结合修前的技术性能测试情况，确定检修的主要项目和重点内容。

一、小修

对开关柜（断路器柜、负荷开关柜、接触器柜、组合电器柜）内装用的主开关元件及其他设备不进行解体检查和修理属于小修，其工作内容主要是对开关柜内各主要元件进行维护和检查，对个别元件进行必需的维修或更换。小修一般 1～2 年一次，主要工作内容如下。

中置手车式高压开关柜的小修应包括以下方面：

（1）外观检查：有无明显异样、异常声音、振动等。

（2）开关柜表面温度：柜体表面（特别是 3150A 以上的断路器柜）、封闭母线桥封板表面的温度是否正常，有没有无异常升高。

（3）对断路器（负荷开关、接触器、熔断器）的检查：

1）检查断路器（负荷开关、接触器、熔断器）有无损坏，如有损坏要停止使用；

2）清除脏污，尤其是绝缘表面，由于长期运行过程或储存过程造成的脏污会影响产品绝缘性能；

3）用手动方式按规程操作断路器（负荷开关、接触器、熔断器）进行储能、合闸和分闸，观察储能状态，分合位置指示是否正常；

4）用操作电源操作断路器（负荷开关、接触器、熔断器）进行储能、合闸和分闸，观察储能状态，分合位置指示是否正常。

（4）带电显示器的检查：检查带电显示器的指示灯是否正常，有没有损坏。

二、大修

高压开关柜的大修是指对柜内的主要开关设备和各元件进行全面的解体检查、修理或更换，使之恢复到技术标准要求的正常功能。大修应按生产厂家规定的年限和对主开关设备的操作次数、开断电流值的规定等进行，但也要根据实际使用情况而定。大修的主要工作内容如下：

1. 结构及外观检查

检查开关柜结构有无异常变形；外观状态应与安装时一致。

2. 防误操作联锁的检查

（1）开关柜联锁功能的投入与解除，大部分是在正常操作过程中同时实现的，不需要增加额外的操作步骤。如发现操作受阻（如操作阻力增大）应首先检查是否有误操作的可能。除检查与操作相关的联锁外，还应检查防止误触碰带电部位的防护装置是否牢固可靠。

（2）有些联锁因特殊需要允许紧急解锁（如在柜体下门和接地开关的联锁）。紧急解锁的使用必须慎重，不宜经常使用，使用时也要采取必要的防护措施，一经处理完毕，应立即恢复原状。

3. 泄压通道及泄压装置检查

检查泄压通道是否畅通，泄压金属板是否异常，紧固螺栓是否松动。

4. 二次插头与手车的位置联锁检查

断路器手车只有在试验、隔离位置时，才能插上或解除二次插头，断路器手车处在工作位置时由于机械联锁作用，二次插头被锁定，不能被解除。应检查二次插头与手车的位置联锁是否可靠，以确保二次控制线路与断路器手车的二次线路可靠联络。

5. 带电显示器检查

带电显示器由高压传感器和显示器两个单元组成，通过导线连接成一体，应检查带电显示器的传感器和指示灯工作是否正常。

6. 接地装置检查

在开关柜的后隔室下方有不小于 4mm×40mm 的接地铜排贯穿所有开关柜，供断路器手车、避雷器、接地开关等直接接地元件接地使用。

7. 断路器手车检查

由于断路器选用特制滑动轴承，采用特殊表面处理防锈工艺，配用长效润滑脂，在正常使用条件下，10～20 年不需检修，但由于使用环境的差异，仍需进行必要的检查、维护工作。

断路器手车的检修除按有关规程要求进行外，建议特别注意以下几点：

（1）按真空断路器的安装使用说明书的要求，检查断路器的情况，并进行必要的调整。

（2）检查手车推进机构及其联锁的情况，使其满足说明书的有关要求。

（3）视工作环境在安装完成后 6～12 月内应对断路器本体进行适当检查。外观检查后，需对设备表面的污秽受潮部分进行清洁，用干布揩拭绝缘件表面，然后用沾有清洁剂的无纺布揩去其他污秽物。

（4）当断路器长期未投入运行时，断路器的活动部分可能产生阻滞，故每年应对断路器进行至少 5 次的储能及合、分闸操作。

（5）每 1～2 年应对断路器进行至少 1 次全面的试验，包括主回路的绝缘试验、辅助和控制回路的绝缘试验、主回路电阻值的测量、密封性（真空灭弧室真空度）试验、外观检查、机械操作试验。

（6）检查辅助回路触头有无异常情况，并进行必要的修整。

（7）断路器手车从隔离/试验位置到工作位置的推进及推出应无任何卡阻。

（8）特别提示，为防止意外，对断路器的检查与维修应在断路器未储能的状态下进行。

8. 主回路触头的检查

（1）应定期检查主回路动、静触头的情况，擦除动、静触头上的陈旧油脂，查看触头有无损伤，弹簧力有无明显变化，有无因温度过高引起镀层异常氧化现象，如有以上任一情况，应及时处理。

（2）检查接地回路各部分的情况，如接地触头、主接地线及过门接地线等，保证其导电连续性。

（3）检查接地开关分、合闸操作是否正常。

（4）主母线的检查，检查绝缘护套是否出现裂纹，若出现应及时更换；检查母线搭接部分的紧固件是否松动，若松动应及时紧固。

（5）对其他电气元件，如电流互感器、电压互感器、避雷器、接地开关、穿墙套管、绝缘子等，应定期进行绝缘试验。

三、状态监测、评价和状态检修

高压开关柜的状态检修是为了提高设备检修工作的针对性、有效性和检修效率，减少停电次数和停电时间的新型检修策略。是否要进行检修要根据对设备的运行状态进行必要的在线或离线监测，根据监测数据进行状态评价，从而确定是否需要检修以及具体的检修内容。

1. 高压开关柜的几个状态监测手段

（1）调试、交接试验。实践证明，只有严格把好设备的调试及交接试验关，及时发现并处理设备存在的先天缺陷，才能保证设备以良好的状况投入运行，降低设备运行中的故障和事故率。因此做好高压开关柜的调试及交接试验工作，及时发现高压开关柜的异常等情况，做出整改处理后再投入运行，对确保运行的安全相当重要。

（2）定期检测。要定期对开关柜及其主要电气元件，如真空断路器、避雷器、电流互感器、电压互感器、接地开关、带电显示器等进行检测，特别是对真空断路器的定期检测尤为重要。

真空断路器常见的缺陷主要有真空灭弧室慢性漏气、本体绝缘件绝缘击穿和在运行中发现的异常等。定期检查绝缘、定期进行耐压试验是检验上述缺陷的主要手段。经验表明，真空断路器出现问题主要集中在投产后 6 个月到 2 年这段时间。这时真空断路器的运行状态较不稳定，需加强运行检测。因此，新投运的真空断路器要在投运后 3 个月、6 个月、1 年各进行一次检测试验，然后再按正常的周期进行预试。

（3）加强运行巡视。在巡视中注意观察高压开关柜有无异常现象，如温度、噪声及带电显示装置的运行状态。

（4）积极开展开关柜状态检测新手段。

10～35kV 开关柜状态检测技术中现已开发的有地电波局部放电、超声检测和测温技术 3 种，其温度检测技术在大电流柜中得到了比较多的应用。此外，在实践中发现超高频局放等技术也具有应用于开关柜检测的潜力，并已有成功案例。实际应用中一般将多种方法同时应用并进行综合分析判断，利用此方法已经发现多起设备的潜在隐患。

附录 E 介绍了上述 3 种在线检测技术的简单工作原理。

2. 状态检修

（1）状态检修实施原则。状态检修应遵循“应修必修，修必修好”的原则，依据设备状态评价的结果，考虑设备风险因素，动态制定设备的检修计划，合理安排状态检修的计划和内容。

开关柜状态检修工作内容包括停电、不停电测试和试验以及停电、不停电检修维护工作。

（2）状态评价工作的要求。状态评价应实行动态化管理，每次检修或试验后应进行一次状态评价。

（3）新投运设备状态检修。新设备投运后满 1 年，应安排例行试验，同时还应对设备及其附件（包括电气回路及机械部分）进行全面检查，收集各种状态量，并进行一次状态评价。

（4）老旧设备的状态检修实施原则。对于运行 20 年以上的设备，宜根据设备运行及评价结果，对检修计划及内容进行调整。

（5）检修分类。按工作性质内容及工作涉及范围，将开关柜检修工作分为以下 4 类：

1）A 类检修，是指开关柜的整体解体性检查、维修、更换和试验。

2）B 类检修，是指开关柜局部性的检修，部件的解体检查、维修、更换和试验。

3）C 类检修，是对开关柜的常规性检查、维护和试验。

4）D 类检修，是对开关柜在不停电状态下进行的带电测试、外观检查和维修。

其中 A、B、C 类是停电检修，D 类是不停电检修。

开关柜的检修分类及检修项目见表 6–1。

表 6–1　　开关柜检修分类及检修项目

检修分类	检　修　项　目
A 类	A.1　返厂全面解体检修 A.2　更换 A.3　相关试验
B 类	B.1　部件大修或更换 B.1.1　断路器单元解体大修或更换 B.1.2　隔离开关单元解体大修或更换 B.1.3　互感器单元大修或更换 B.1.4　避雷器单元更换 B.1.5　隔离车单元大修或更换 B.1.6　母线单元解体大修或更换 B.1.7　仪表仓、触头盒、柜间套管、支持绝缘子、挑帘、带电显示装置等大修或更换 B.2　操动机构大修或更换 B.2.1　断路器操动机构大修或更换 B.2.2　隔离开关操动机构大修或更换 B.3　相关试验
C 类	C.1　相关试验，按辽宁省电力有限公司《输变电设备状态检修试验规程实施细则》进行 C.2　外观检查、除锈、刷漆、标相 C.3　接地线检查，各单元间跨接导电带检查，接地电阻测试 C.4　断路器、隔离开关动作闭锁功能检查试验 C.5　密度继电器、压力表校验、SF_6气体湿度测试（如果有） C.6　回路电阻测试 C.7　绝缘电阻测试 C.8　互感器、避雷器电气特性测试 C.9　断路器机械特性测试 C.10　断路器、隔离开关动作性能检查测试 C.11　检查断路器机构密封及固定状况 C.12　检查断路器机构电动机、传动装置、分合闸电磁铁、分合闸保持掣子、弹簧、闭锁装置、加热器、温湿度控制器、交直流接触器、行程开关等元件的状态及动作是否灵活可靠，测试二次回路绝缘电阻 C.13　检查绝缘件有无老化、剥落、裂纹现象 C.14　基础固定状态检查
D 类	D.1　断路器、隔离开关位置指示是否正确，动作计数器是否正确 D.2　各种指示灯、信号灯指示是否正常，加热器、驱潮电阻能否投入 D.3　密度继电器、压力表指示值是否正常（如果有） D.4　记录断路器、避雷器动作次数 D.5　检查设备附近是否有异味或异常声响 D.6　检查所有金属支架、外壳有无油漆剥落现象 D.7　检查设备外壳有无发热现象 D.8　检查全部设备防护门是否关严、密封 D.9　检查所有照明、通风设备、防火器是否完好 D.10　检查所有设备是否清洁、标示完善 D.11　红外测试 D.12　其他带电检修项目测试

（6）设备的状态检修策略。状态检修策略既包括年度检修计划的制订，也包括试验、不停电的维护等，检修策略应根据设备状态评价的结果动态调整。

年度检修计划每年至少修订一次。根据最近一次设备状态评价结果，考虑设备风险评估因素，并参考厂家的要求，确定下一次停电检修时间和检修类别。在安排检修计划时，应协调相关设备检修周期，尽量统一安排，避免重复停电。

对于设备缺陷，应根据缺陷的性质，按照有关缺陷管理规定处理。同一设备存在多种缺陷，也应尽量安排在一次检修中处理，必要时，可调整检修类别。

C 类检修正常周期应与试验周期一致。

不停电的维护和试验根据实际情况安排。

根据设备评价结果，制定相应的检修策略，开关柜检修策略见表 6–2。

表 6–2　　　　开关柜检修策略

设备状态	正常状态	注意状态	异常状态	严重状态
检修策略	见表下 1）	见表下 2）	见表下 3）	见表下 4）
推荐周期	正常周期或延长一年	不大于正常周期	适时安排	尽快安排

1）正常状态的检修策略。被评价为“正常状态”的开关柜，执行 C 类检修。C 类检修可按照正常周期或延长一年并结合例行试验安排。在 C 类检修之前，可以根据实际需要适当安排 D 类检修。

2）注意状态的检修策略。被评价为“注意状态”的开关柜，执行 C 类检修。如果由单项状态量扣分导致评价结果为“注意状态”时，应根据实际情况提前安排 C 类检修。如果仅由多项状态量合计扣分导致评价结果为“注意状态”时，可按正常周期执行，并根据设备的实际状况，增加必要的检修或试验内容。在 C 类检修之前，可以根据实际需要适当加强 D 类检修。

3）异常状态的检修策略。被评价为“异常状态”的开关柜，根据评价结果确定检修类型，并适时安排检修。实施停电检修前应加强 D 类检修。

4）严重状态的检修策略。被评价为“严重状态”的开关柜，根据评价结果确定检修类型，并尽快安排检修。实施停电检修前应加强 D 类检修。

四、技术改造

按设备资产全寿命管理的理念，开关柜实施技术改造的条件有以下几种：使用年限接近设备寿命；装设地点的负荷或短路电流超过额定值；设备具有家族性缺陷或使用多年后检修维护工作量明显增加，技术经济比较不值得再进行检修。技术改造可以是整台开关柜更换方案，也可以是经技术评估后采取部分元件更换的方案，如更换断路器（除非更换同一型号的断路器灭弧室、操动机构，否则应整体更换断路器）、TA，保留其他元件，或对开关柜局部结构如触头盒、某一元件的布置形式进行改造。

一旦明确要进行技术改造，首先要制订改造计划，有关设备、材料选型（包括对设计和结构上的要求）、监造与验收、现场安装与交接试验等要求均应按照新设备的要求，然后协调运行设备的停电安排。

按照科学、全面、协调、可持续发展的要求，对开关柜的技术改造应遵循以下基本原则：

（1）统一规划原则。开关柜技术改造应与当地 10kV 负荷预测、电网规划和改造及开关柜的运行管理统一考虑，在总体上明确开关柜技术改造的原则和方向。

（2）因地制宜原则。结合本地区特点和开关柜存在的问题，制订符合实际的开关柜技术改造内容和实施方案，切实提高技术改造的针对性和有效性。

（3）安全第一原则。通过对开关柜运行状况评价，针对开关柜存在的问题和隐患、在实施改造过程可能遇到的不安全因素，制订技术改造方案，合理安排技术改造进度和必需的停电范围。

（4）技术经济原则。以技术进步为先导，以经济效益为中心，积极采用先进适用的新技术、新产品、新材料、新工艺和电网运行管理控制技术，还需要注意生产厂家对更换部件的结构、材料是否已有过改进，如有，应跟踪为这些改进所做的试验情况，验证待改造的设备是否适用，并通过技术经济比较，适度考虑发展，制订优化技术改造方案。

（5）统筹协调原则。实施开关柜的技术改造，既要考虑开关柜一次元件的改造，又要考虑控制元件和设备的改造；既要考虑功能元件的改造，又要考虑结构布置对开关柜安全的影响；既要考虑开关柜的停电改造，又要考虑用户的供电可靠性。在满足施工安全和进度的前提下，最大可能地减少停电的影响是制订开关柜改造方案的重要原则之一。

以下介绍几种针对开关柜存在的不同隐患应采取的不同防范措施和技术改造方案。

1. 开关柜接线方式隐患的防范措施

对存在接线方式安全隐患的开关柜，在接线隐患消除前，应在开关柜门上装设醒目的警示标识，如“母线未停电”、“接地前，禁止开启柜门”等。如需进入柜内作业，工作前对柜内所有可能的带电设备验电并分别装设接地线，如不能实现，必须扩大停电范围，保障柜内作业安全。同时尽快通知生产厂家进行接线方式整改，保证隐患消除。

TV（电压互感器）柜内避雷器接线方式技术改造方案有如下几种：

（1）TV 柜内避雷器与 TV 安装于后仓，熔断器安装在手车上，避雷器直接与母线相连，TV 通过隔离手车与母线相连。

拆除隔室内部的避雷器，TV 接线方式不变，封堵原母线室穿墙孔，将避雷器放在手车上改装成熔断器–避雷器手车，且避雷器与熔断器、TV 回路并联。改造前、后内部结构及接线方式如图 6–1 所示。

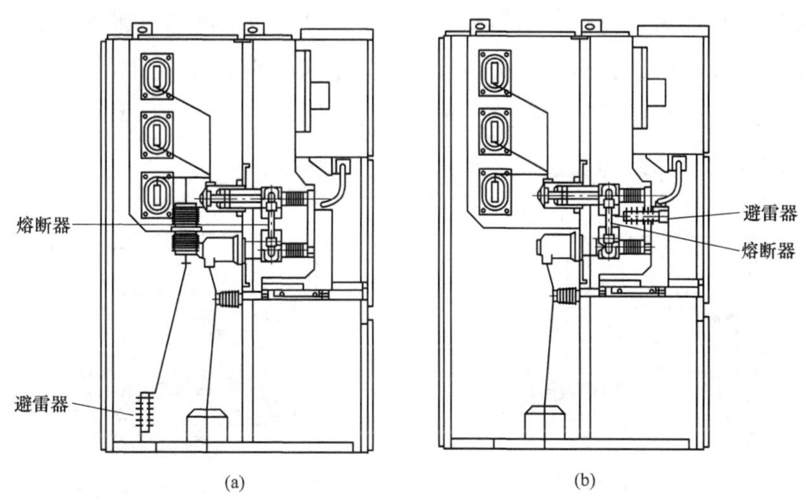

图 6–1　TV 柜内部结构及接线方式改造方案 1

（a）原方案；（b）改造后方案

（2）TV 柜内避雷器安装在母线室内，直接与母线相连，TV 与熔断器安装在手车上。

拆除母线隔室的避雷器，将避雷器移到手车上改装成熔断器–避雷器手车，增加下触头盒安装板、触头盒挡板及活门机构，将 TV 安装在后仓，通过引线连接至隔离手车下触头。该方案可在原手车上实施，也可考虑更换新手车。改造前、后内部结构及接线方式如图 6–2 所示。

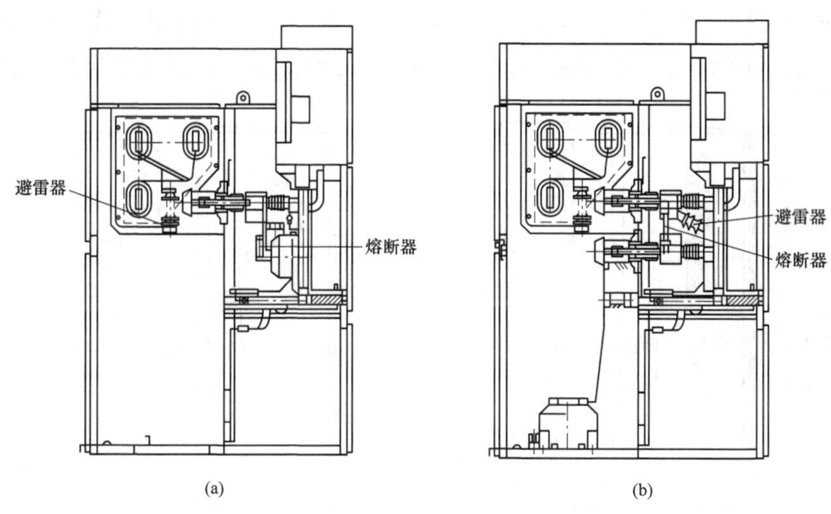

图 6–2　TV 柜内部结构及接线方式改造方案 2

（a）原方案；（b）改造后方案

（3）TV 柜内避雷器单独安装在后仓或前下仓，直接与母线相连，TV 与熔断器安装在手车上。

拆除原隔室的避雷器，将避雷器移到手车上改装成熔断器–避雷器手车，封堵原母线室穿墙孔，增加手车下触头盒安装板、触头盒挡板及活门机构，将 TV 安装在后仓，通过引线连接至下触头上。该方案可在原手车上实施，也可考虑更换新手车。改造前、后内部结构及接线方式如图 6–3 所示。

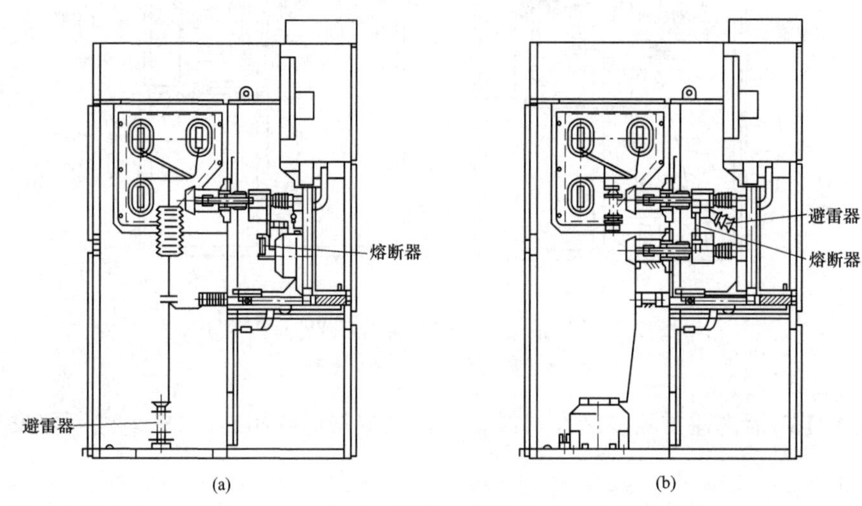

图 6–3　TV 柜内部结构及接线方式改造方案 3

（a）原方案；（b）改造后方案

（4）TV 与熔断器安装在 XGN 系列固定柜隔室内，避雷器单独安装在另一隔室，直接与母线相连。

拆除其他隔室内部的避雷器，把避雷器移到熔断器、TV 隔室内，连接至隔离开关断口后，且与熔断器、TV 回路并联。改造前、后内部结构及接线方式如图 6–4 所示。

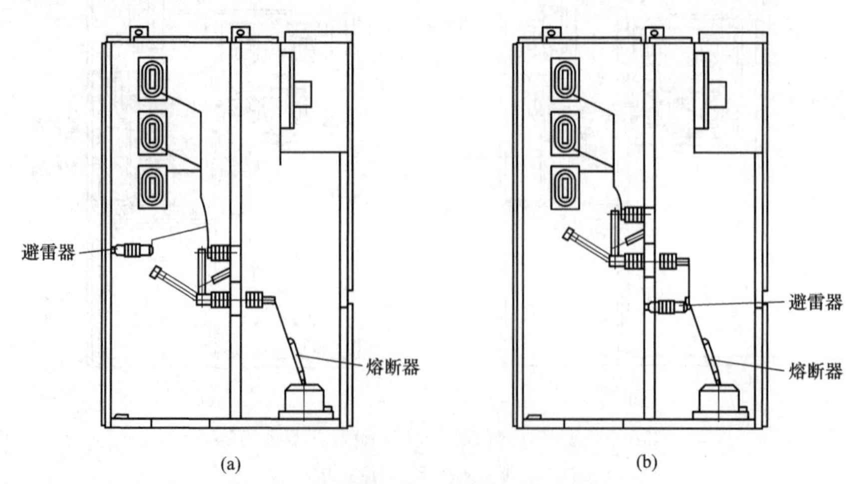

图 6–4　TV 柜内部结构及接线方式改造方案 4

（a）原方案；（b）改造后方案

（5）避雷器、TV 和熔断器都安装于后仓，避雷器直接与母线相连，TV 通过隔离手车与母线相连。避雷器、TV 安装位置不变，将原避雷器引线直接连接到隔离手车下触头，封堵原母线室穿墙孔。改造前、后内部结构及接线方式如图 6–5 所示。

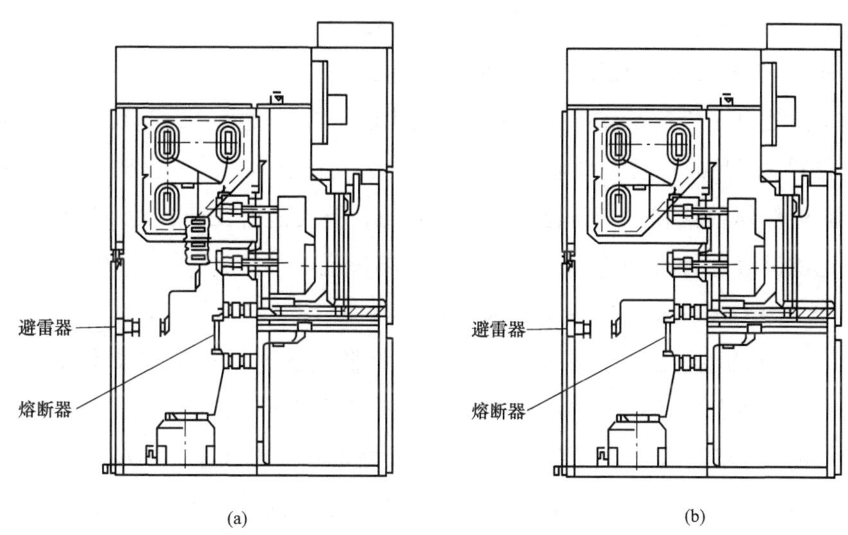

图 6–5　TV 柜内部结构及接线方式改造方案 5

（a）原方案；（b）改造后方案

（6）避雷器、熔断器和 TV 安装于同台手车，避雷器接于熔断器后级。该布置方式属于错误接线，运行中一旦熔断器熔断，设备将失去避雷器保护。拆除原手车中的避雷器、熔断器，改变接线位置，使避雷器接于熔断器的上级，且与熔断器、TV 回路并联。改造前、后内部结构及接线方式如图 6–6 所示。

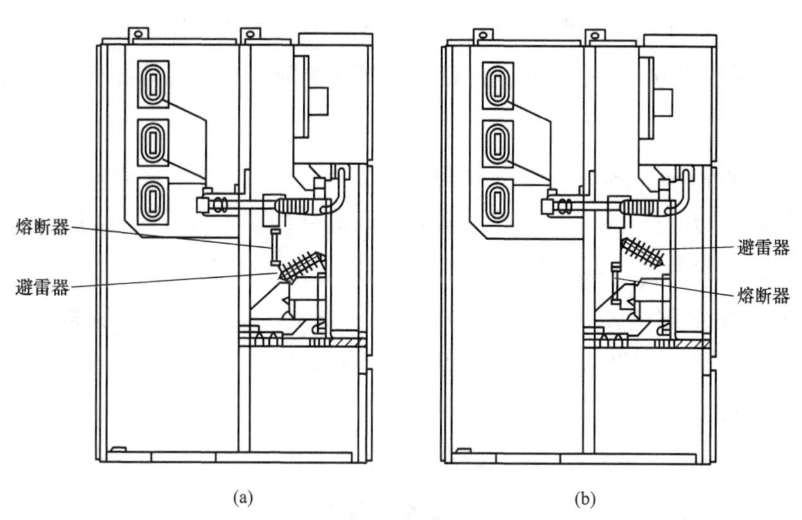

图 6–6　TV 柜内部结构及接线方式改造方案 6

（a）原方案；（b）改造后方案

在隐患消除前，应在存在接线方式安全隐患的隔室柜门上装设醒目的警示标识，并保证开关柜面板上的一次电气接线图与柜内实际接线一致；在后盖板增加电磁联锁和母线带电显示强制闭锁，必须在确认母线隔室停电后方可打开后柜门，母线带电情况下，严禁从事避雷器隔室内的检修工作。

2. 开关柜下柜与后柜未完全隔离的防范措施

由于此类开关柜产品结构已定型，如在改造中加装隔板会改变其内部结构形式及空间布置，产品内部防护性能则无法保证，因此在进入柜内作业时必须确认主变压器 10kV 侧转检修和主变压器断路器转检修，方可进行工作。对 10kV 或 35kV 侧双断路器并联运行时须特别注意一侧有电的情况。

3. 开关柜内部电弧释放能力不足的防范措施

（1）设计选型要求。开关柜招标采购时，除规定开关柜常规技术参数外，还应明确开关柜内部故障电弧的性能要求。主要包括以下内容：

1）生产厂家投标开关柜除仪表室外，断路器室、母线室和电缆室等均应设有泄压通道或压力释放装置，并且通过内部电弧试验，提供试验报告。

2）开关柜内部故障电弧性能应为 IAC 级，内部电弧允许持续时间应不小于 0.5s，试验电流为额定短时耐受电流。

（2）技术改造要求。

1）开关柜未设置泄压通道。条件允许的，选择合适的柜门盖板改造增加泄压通道，加装泄压盖板活门；无法改造的，逐步进行更换，更换前对前柜门等位置加装铰链，并将开关柜置于负荷不重、非关键位置运行。

2）开关柜泄压通道设置不合理。根据开关柜位置及工作人员行进路线等，选择合适的泄压通道方向，尽量将泄压活门设置于柜顶，并将各泄压板活门侧的螺栓换为尼龙螺栓。

3）开关柜内部电弧释放能力未经试验验证。要求生产厂家补做此形式开关柜内部电弧试验，并提供试验报告。对前后柜门进行加固，将前后柜门上下打眼、加装固定支架，用螺栓多点固定，每个门不少于 3 个固定点。

4）开关柜内部电弧试验考核不严格。要求生产厂家提供试验报告及试验图片，审核其试验中开关柜是否增加紧固措施，如试验开关柜状态与在运行开关柜状态不一致，要求其重新进行试验。

（3）变电站保护设置配合。对高压开关柜采用微机保护的变电站，可考虑适当压缩主变压器各段保护级差，减少故障电弧的持续破坏时间。

4. 开关柜选型及结构缺陷的防范措施

（1）GG1A 型开关柜。GG1A 型开关柜为早期产品，因内部结构缺陷多且改造

价值不大，应安排逐步进行更换，一时无法更换的设备，列入“危险源设备”，针对其后柜门无闭锁、易触电的缺陷，在后盖板增加电磁锁和母线带电显示装置进行强制闭锁，必须在确认母线隔室停电后方可打开后柜门。另外，对 GG1A 型馈线柜、电容器柜、TV 柜进行检修工作时，须在母线与隔离开关间加装绝缘挡板，防止人员触电。

（2）XGN 型开关柜。针对存在隐患的 XGN 型开关柜，在检修时应将整段母线停电后才可进行；如无法停电或特殊情况，必须使用绝缘挡板将柜内隔离开关上桩头的带电部分进行有效隔离，并安排专人进行监护工作。为防止误操作可加装具有闭锁功能的电磁锁，柜体布置宜宽松，柜体间布置隔离措施。

（3）KYN 型开关柜。对 KYN 型开关柜柜内作业加强监控，作业前明确危险点，制订危险点预防措施并严格执行。加强开关柜内设备状态检测技术的研究，利用在线监测实时掌握开关柜内部状态。

（4）合理设置开关柜观察窗位置，在保证安全的前提下尽可能扩大观察范围、提高观察效果。

（5）改造老式固定开关柜母线室网门结构，加装挡板活门，使用尼龙螺栓固定，避免误登误碰触电事故。

（6）固定式开关柜出线电缆连线或线路侧装设地线时，在母线侧隔离开关和出线侧隔离开关设置绝缘挡板，保证人员作业的安全距离。

（7）开关柜断路器室前、后柜门设计为螺栓多点固定结构，保证可靠、牢固地关闭柜门。

（8）利用检修、停电等机会，加大开关柜内二次回路的检查，确保信号正确。

（9）散热装置安装位置应考虑检修时的安全风险，若必须靠近带电设备，应安装质量可靠、长期无须检修的散热装置。

5. 开关柜内部绝缘故障的防范措施

首先，不能盲目追求开关柜小型化，应根据工程情况、变电站内布置、运行维护和设备检修等因素综合考虑，采购合适的开关柜。

（1）以空气或以空气/绝缘材料作为绝缘介质的高压开关柜应考虑绝缘材料的厚度、设计场强和老化问题，并要求生产厂家按照标准要求进行凝露试验。

（2）对开关柜内穿墙套管、机械活门、母排折弯处等部位，如空气绝缘净距离小于 125mm（12kV）和 300mm（40.5kV），应采取导体加装绝缘护套的包封措施。所用绝缘材料必须通过老化试验，且应与所配开关柜使用寿命保持一致。绝缘包封改造不仅应满足防潮、抗老化要求，而且包封后不应影响母排的通流能力和散热效果。绝缘护套必须提供型式试验报告，开关柜必须提供凝露试验报告。

（3）高压开关柜内的进出线套管、机械活门、母排拐弯处等场强较为集中的部位，应采取倒角打磨等措施，防止电场畸变。

（4）对开关柜内母线支持绝缘子等一些绝缘爬距不能满足防污条件的设备，可喷涂 RTV 绝缘涂料，以提升老旧设备运行的技术条件。

6. 开关柜发热缺陷的防范措施

（1）针对断路器与开关柜间采用插头连接的情况，在大电流的中置柜和手车柜加装温度在线测温装置。

（2）加强开关柜的散热，加装送风机及引风机，结合停电机会，检查动、静触头接触压力，及时更换疲劳的触头弹簧。

7. 提高开关柜的防护水平

（1）对周边环境差、封堵不严、通风不畅、防凝露措施不到位的配电室全面开展环境综合整治，加装温、湿度自动控制装置，完善配电室通风系统，改善高压开关柜运行环境。

（2）对开关柜的柜间、母线室之间及本柜其他功能间隔之间采取有效的封堵隔离措施，对开关柜母线及各支线加装绝缘包封，防止异物或小动物进入造成母线短路。

8. 加强防误闭锁功能

（1）对于后部上柜门可开启，且打开后就可直接触及带电部位的高压开关柜加装机械挂锁，配置微机防误程序锁进行闭锁；在 GGlA、XGN 等开关柜上加装接地开关与后柜门的联锁，加装带电显示装置闭锁接地开关操作。

通过高压带电显示装置控制验电编码锁、微机防误验电锁、微机防误机械挂锁等，高压带电显示装置应在母线带电情况下实施闭锁并发出警示，防止人员误入间隔。

（2）定期检查高压开关柜所配防误装置可靠性，利用停电机会检查手车与接地开关、隔离开关与接地开关的机械闭锁装置。

9. 加强母线隐患的改造力度

（1）对穿墙套管、机械活门、母排折弯处等部位，如空气绝缘净距离小于 125mm（12kV）和 300mm（40.5kV），应采取导体加装绝缘护套的包封措施。所用绝缘材料必须通过老化试验，且应与所配开关柜使用寿命保持一致。不仅应满足防潮、抗老化要求，且包封后不能影响母线的散热效果。

（2）对于使用绝缘夹板固定、支撑母线的开关柜，要求其在型式试验中也附带绝缘夹板、螺钉进行试验；如为后期改造加装，则要求绝缘夹板等固定措施满足开关柜动热稳定试验及绝缘强度要求。

（3）采用多根并联的单芯大截面联络电缆时，应在设计时考虑敷设路径、排列方式及长度，进行现场试验，确保各相阻抗一致，避免电流不平衡的情况。

第二节　检修管理与质量控制

一、检修的分类和依据

1. 检修的分类

（1）大修（A 类检修）：对设备全面解体的检查、修理或更换，使之重新恢复到技术标准要求的正常功能。

（2）部分大修（B 类检修）：对设备的关键零部件进行全面解体的检查、修理或更换，使之重新恢复到技术标准要求的正常功能。

（3）例行检查与处理（C 类检修）：对设备不解体进行的检查与修理，即例行检修与试验。

（4）临时性检修：针对设备在运行中突发的故障或缺陷而进行的检查与修理。

（5）巡检（D 类检修）：设备不停电所进行的巡视检查。

2. 检修的依据

应根据设备的状况、运行时间并参照设备安装使用说明书中推荐的实施检修的条件等决定是否应该对交流高压开关柜进行检修。

（1）对于实施状态检修的设备，应根据对设备全面的状态评估结果来决定对开关柜设备进行相应规模的检修工作。

（2）对于未实施状态检修的设备，一般应结合设备的预防性试验进行小修，但周期一般不应超过 3 年。如果满足表 6–3 中规定的条件之一，则应该对其进行相应的大修工作（专用开关除外）。对投切电容器、频繁操作的专用开关，应在规定次数后进行检修。

表 6–3　　开关柜满足大修的条件

序号	功能单元和元件	电寿命	机械寿命	运行时间（年）
1	断路器单元	累计故障开断电流达到设备技术条件中的规定	机械操作次数达到设备技术条件中的规定	10～12（推荐）
2	隔离开关单元		机械操作次数达到设备技术条件中的规定	10～12（推荐）
3	接地开关单元		机械操作次数达到设备技术条件中的规定	10～12（推荐）

续表

序号	功能单元和元件	电寿命	机械寿命	运行时间（年）
4	站用变压器单元	达到设备技术条件中规定的设计寿命		20～25（推荐）
5	互感器单元	达到设备技术条件中规定的设计寿命		20～25（推荐）
6	避雷器单元	达到设备技术条件中规定的设计寿命		10～12（推荐）
7	母线单元	达到设备技术条件中规定的设计寿命		20～25（推荐）
8	仪表室、带电显示、驱潮加热装置等	达到设备技术条件中规定的设计寿命		5～6（推荐）
9	触头盒、柜间套管、支持绝缘子、挑帘等	达到设备技术条件中规定的设计寿命		20～25（推荐）

（3）临时性检修：针对运行中发现的危急缺陷、严重缺陷及时进行检修。

二、检修前的准备工作

1. 检修前的资料准备

检修前应收集拟检修开关柜的下列资料，对设备的安装情况、运行情况、故障情况、缺陷情况及开关柜近期的试验检测等方面情况进行详细、全面的调查分析，以判定开关柜的综合状况，从而为现场具体的检修方案的制订打好基础。

（1）设备安装使用说明书；

（2）设备一次、二次图样；

（3）设备安装记录；

（4）设备运行记录；

（5）故障情况记录；

（6）缺陷情况记录；

（7）检测、试验记录；

（8）其他需要资料。

2. 检修方案的确定

通过对设备资料的分析、评估，制订出开关柜的具体的检修方案。检修方案应包含开关柜检修的具体内容、标准、工期和流程等。

3. 检修工器具、备件及材料的准备

应根据被检开关柜的检修方案及内容，准备必要的检修工器具、试验仪器、备件及材料等。如吸尘器、万用表、断路器测试仪器、回路电阻测试仪，以及相关试

验仪器仪表、起重设备等。还应按生产厂家的说明及检修工作实际需要准备相应的辅助材料，如导电硅脂、密封胶、绝缘塑封材料、辅助装置元器件等。另外，还应准备专用工具，如手力操作杆、专用拆装扳手、液压升降车等。

4. 检修安全措施的准备

（1）所有进入施工现场的工作人员必须严格执行 Q/GDW 1799.1—2013《国家电网公司电力安全工作规程 变电部分》的规定，明确停电范围、工作内容、停电时间，核实变电站内所做安全措施是否与工作内容相符。

（2）现场如需进行电气焊工作，要开动火工作票，应有专业人员操作，严禁无证人员进行操作，同时要做好防火措施。

（3）向生产厂家人员提供 Q/GDW 1799.1—2013，并让其学习有关部分，同时向生产厂家人员介绍变电站的接线情况、工作范围和安全措施。

（4）在开关柜检修完毕进行相应信号、信息传动前，要对柜体内部进行认真检查，防止造成人员伤害和设备损坏。

（5）开关柜检修前必须对检修工作危险点进行分析，对于复杂作业还应根据实际情况进行作业前的现场勘查。每次检修工作前，应针对被检修开关柜的具体情况，对危险点进行详细分析，做好充分的预防措施，并组织所有检修作业人员共同学习。

5. 对检修人员的要求

（1）检修人员必须熟悉开关柜的结构，熟悉断路器手车、接地开关工作原理及操作方法，熟悉开关柜“五防”联锁原理及操作顺序，并经过专业培训后考核合格。

（2）需要现场进行开关柜整体更换或全面解体大修时，应有生产厂家的专业人员指导。

（3）对各检修项目的责任人进行明确分工，使责任人明确各自的职责内容。

6. 对检修环境的要求

开关柜的解体检修，宜在室内进行，具体要求如下：

（1）大气条件。温度：5℃以上；湿度：＜80%（相对）。

（2）重要部件分解检修工作尽量在检修间进行，现场应考虑采取防尘保护。

（3）有充足的施工电源和照明措施。

三、检修管理

1. 开关柜检修、试验周期制订的原则

（1）设备通过交接试验投入运行后第一年应进行电气试验。各项指标合格，设备运行稳定后，执行状态检修规定。

（2）设备的保护校验周期与大、小修应同步进行，即设备大修结合保护全校，设备小修结合保护部校，并参照相关规定。

（3）对于母线、隔离开关等难以停电的设备，推行“逢停必修”的原则，即自达到检修周期规定的下限起，遇有设备停电的机会则必须安排进行检修，以避免超过检修周期的上限。

（4）设备防污、清扫工作，应结合大、小修或必要时组织清扫。

2. 开关柜状态检修的主要依据

（1）互感器（包括电流互感器和电压互感器）。开关柜中的互感器主要监测的状态量是局部发热。

（2）真空断路器。根据真空断路器安装地点最大短路容量计算，累计故障开断次数达到规定值（无规定者，可参照厂家说明书要求值），应进行大修。

经预防性试验发现严重缺陷或在运行中发现异常时，应进行大修。

（3）开关柜。开关柜的状态量主要包括局部过热、振动、操作特性、操动机构状况。开关柜内部元件参照有关规定。

（4）隔离开关（手车）。隔离开关（手车）的状态量主要包括操作力、分合状态及局部发热情况等。隔离开关（手车）辅助触点和闭锁电磁铁每年检查维修一次。

（5）避雷器。避雷器的状态量有绝缘电阻。带脱离装置的避雷器结合停电进行小修，在巡视时应检查脱离装置的动作情况。

（6）母线。高压开关柜的母线应结合预试或视污秽情况进行清扫，对包裹母线的绝缘材料进行检查，如有老化应进行更换。

四、检修质量的控制

1. 管理手段

（1）以设备全过程管理为主线，通过设备评价、检修维护、专业化巡检等手段，切实提高设备健康运行水平。

（2）全面深化状态检修，建立完善的状态检修标准体系，开展状态检修达标评价活动。深化基础管理，以技术监督为重点，以针对性的检修为依托，切实提高设备基础管理水平。

（3）强化现场标准化作业管理，合理安排现场作业，确保作业质量和人身安全。每个作业都必须认真填写检修作业过程控制卡，以强化检修质量，保证设备运行周期的延长。

（4）强化质量控制和考核。XGN2–12 型固定式开关柜检修质量控制卡见附录 C。

2. 检修前的检查和试验

为了解高压开关柜检修前的状态，并与检修后试验数据进行比较，在检修前，应对被检开关柜进行检查和试验。

（1）开关柜检修前的检查项目：

1）柜体及柜内一、二次元器件外观检查。

2）密封情况检查。

3）压力释放通道检查。

4）断路器、手车、接地开关位置指示。

5）断路器动作次数检查。

6）断路器储能状态检查等。

7）主母线、分支母线、引出线接点检查（本段需全部停电，可在打开母线仓情况下）。

8）“五防”联锁情况检查。

（2）断路器检修前的试验项目：

1）断路器行程、接触行程（超行程）测量。

2）断路器主回路电阻测量。

3）断路器真空度试验（如有条件）。

4）断路器的分、合闸启动电压试验。在额定操作电压下，分别测量断路器三相的合闸时间、分闸时间、分合闸同期及弹跳等。

（3）视实际情况，进行站用变压器、电压互感器、电流互感器、避雷器的相应检修前试验。

3. 检修项目及技术要求

（1）高压开关柜整体的检修项目及技术要求（表 6–4）。

表 6–4　　高压开关柜整体的检修项目及技术要求

序号	检 修 项 目	技 术 要 求
1	柜体及柜内一、二次元器件外观及性能检查	（1）柜体表面完整，无破损、锈蚀、变形，柜体前、后标志齐全； （2）柜体整体密封良好，柜体前、后柜门封闭可靠，观察窗、验电孔钢化（如有）玻璃板无破损，锁具齐全，固定牢固； （3）加热器、温湿度控制器、交直流接触器、交直流空气断路器、熔断器等元件状态良好； （4）二次回路绝缘良好，满足要求

续表

序号	检　修　项　目	技　术　要　求
2	压力释放通道检查	断路器室、母线室、电缆室压力释放通道畅通，上部盖板螺栓齐全，且满足压力释放要求，其中一侧应为塑料螺栓
3	断路器、手车、接地开关位置指示，断路器动作次数，断路器储能状态检查等	（1）断路器、手车、接地开关指示位置、后台指示位置应与实际位置相对应； （2）记录断路器分闸操作次数； （3）断路器储能状态良好，断路器机构电动机、传动装置、分合闸电磁铁、分合闸保持掣子、弹簧、闭锁装置、行程开关等元件状态良好，动作灵活可靠
4	主母线、分支母线、引出线接点检查（本段全部停电，可打开母线仓情况下）	（1）各母线、接点接触良好，无过热、变色现象； （2）各母线、接点塑封绝缘良好，无破损、老化现象
5	“五防”联锁情况检查	通过程序操作，检查设备联锁、闭锁逻辑功能正常
6	电压、电流互感器	互感器特性及绝缘试验满足技术条件要求
7	避雷器	避雷器电气性能试验满足技术条件要求
8	站用变压器	站用变压器电气性能试验满足技术条件要求

（2）真空断路器本体的检修项目及技术要求（表 6–5）。真空断路器本体主要为真空灭弧室（真空泡），其一般不需要检修，但发现有缺陷，或其电气、机械寿命接近终了前必须更换。

表 6–5　　　　真空断路器本体的检修项目及技术要求

检修部位	检　修　项　目	技　术　要　求
真空灭弧室	（1）测量真空灭弧室的导电回路电阻； （2）检查真空灭弧室电寿命标志点是否到达； （3）检查触头的开距及超行程； （4）对真空灭弧室进行分闸状态下耐压试验； （5）分、合闸同期及弹跳应满足技术条件要求	（1）回路电阻符合生产厂家技术条件要求； （2）到达电寿命标志点后立即更换； （3）开距及超行程应符合生产厂家技术条件要求； （4）应能通过标准规定的耐压水平要求； （5）分、合闸同期及弹跳应满足技术条件要求

（3）弹簧机构的检修项目及技术要求（表 6–6）。

表 6–6　　　　弹簧机构的检修项目及技术要求

检修部位	检　修　项　目	技　术　要　求
操动机构	检查清理电磁铁扣板、掣子	（1）分、合闸线圈安装牢固，无松动、无卡伤、断线现象，直流电阻符合要求，绝缘应良好； （2）衔铁、扣板、掣子无变形，动作灵活
	检查传动连杆及其他外露零件	无锈蚀，连接紧固
	检查辅助开关	触点接触良好，切换角度合适，接线正确
	检查分、合闸弹簧	无锈蚀，拉伸长度应符合要求
	检查分、合闸缓冲器	通过行程特性曲线检查，应符合要求
	检查分、合闸指示器	指示位置正确，安装连接牢固

续表

检修部位	检 修 项 目	技 术 要 求
操动机构	检查二次接线	接线正确
	检查储能开关	动作正确
	检查储能电动机	电动机零储能时间符合要求
	润滑	对所有相对转动、相对移动的零件进行润滑

五、检修后的调试、验收和投运

1. 基本要求

（1）对现场检修后的开关柜设备应进行试验、验收工作，合格后方可投运，这样才能保证设备以良好的状况投入运行，降低设备运行中的故障和事故率。

（2）对现场检修后的设备进行工频耐压试验，以及机械特性和机械操作试验。

（3）对于检修后试验不符合要求的设备严禁投运。

2. 开关柜检修后的传动及耐压试验

高压开关柜检修后应进行相应的整体传动试验，传动项目应包括设备位置信息、机构动作状态、联锁功能等。传动合格后应进行耐压试验，试验项目遵循相关技术标准及生产厂家有关要求执行。

3. 验收

（1）开关柜检修完成后，工作班成员撤出现场。

（2）申请验收，待验收合格后，办理工作票终结手续。

（3）工作负责人配合运行人员对开关柜进行验收。

（4）编写验收卡片，并依此逐项验收。

表 6–7 是 KYN28A–12 型开关柜的验收内容，可作为其他型号开关柜验收工作的参考。

表 6–7　　KYN28A–12 型开关柜的验收内容

序号	验收项目	标 准
1	开关柜基础	型钢基础水平误差＜1mm/m，全长水平误差＜2mm
		型钢不直度误差＜1mm/m，全长不直度误差＜5mm
		位置型钢基础误差及不平行度全长＜5mm
		型钢与主接地网采用双接地连接牢靠
2	开关柜本体	开关柜采用热镀锌螺栓将开关柜固定
		相邻柜体间连接螺栓和地脚螺栓紧固力矩符合规范
		成列柜顶部误差＜5mm，柜面误差应满足相邻两柜边＜1mm，成列柜面＜5mm，柜间接缝＜2mm

续表

序号	验收项目	标　准
2	开关柜本体	柜门有足够强度，开合不变形，柜体外壳可靠接地
		柜体间绝缘隔板用阻燃材料制成，与带电导体距离大于 30mm
		断路器、接地开关、柜门之间的机械和电气闭锁可靠，具备“五防”功能
		开关柜出线侧安装有带电显示装置，带电显示装置具有自检功能
		母线排使用的铜排截面符合规范要求，导体连接处采用搪锡、压花工艺
		开关柜内带电导体之间、带电体对地间距离≥125mm
		支持绝缘子清洁，无裂纹、无倾斜，伸缩接头无松动、断片，固定部位无窜动等应力现象
		各部触点紧固无锈蚀，相位标志明显，弯曲度不超过标准
		母线消振措施完善
		开关柜内照明回路完好，开关开启灵活
		开关柜温湿度控制装置完好，加热器工作正常
		开关柜上保护连接片接触良好，使用铜质或优良导体材料制作
		所有仪表、控制设备、电源、报警、照明线路均应采用铜导线，线芯截面应不小于 $2.5mm^2$
		柜内端子排和各回路漏电保护开关完好，接线端子无松动、无锈蚀
		柜内行程开关安装牢固，动作灵活可靠
3	手车	手车骨架牢固，摇动推进、退出操作轻便、灵活
		试验位置和工作位置定位准确，指示灯位置信号正确，闭锁装置可靠
		各路位置指示灯位置信号正确，灯具安装牢固
		手车隔离插头使用梅花触指，触指安装牢固，位置正确
4	真空断路器	本体各部清洁完好无破损，支持绝缘子完好，各部连接螺栓紧固
		储能弹簧无锈蚀、无断裂，拐臂、拉杆完整，卡簧、螺钉备帽齐全，具备电动和手动两种储能方式
		机构的传动部分完整无锈蚀、脱漆，机械闭锁装置齐全完整，机构内无遗留杂物
		二次接线螺钉紧固绝缘良好，各转动部件灵活，销针齐全劈开，辅助开关触点无过热烧伤，接触正确良好
		储能回路具备电动和手动两种储能方式，储能位置指示正确
		断路器分合闸回路动作可靠，本体分合闸指示位置正确，回路内分合闸指示灯指示正确
		断路器操作把手或“远方”、“就地”选择断路器应有机械闭锁
		分、合闸操作在不大于 30%额定操作电压下不能动作，分闸在 65%～110%、合闸在 80%～110%额定操作电压下能可靠动作
		具有不复归的动作计数器
5	电流互感器	本体表面光滑整洁，无裂纹、无锈蚀、无受潮现象
		安装固定可靠，无松动
		一次侧接线正确，母线铜排与电流互感器间连接良好，无松动
		二次侧接线端子标识清晰，接线端子螺钉无松动，二次侧回路外观检查无破损现象

续表

序号	验收项目	标　准
6	电压互感器	本体表面光滑整洁，无裂纹、无锈蚀、无受潮现象
		柜内排列位置整齐，相互间距符合设计要求，零相接地端子接地良好
		二次侧接线端子标识清晰，消谐电阻接线端子无松动，二次侧回路外观检查无破损现象
		一次侧高压熔断器底座安装牢固，熔断器装拆方便，熔断器的开断电流满足运行要求
7	接地开关	传动无卡滞现象，三相合闸同期合格，接触良好
		与接地母线连接牢固，连接线无断股、破损现象
		操动机构上应有明显的、易观察的分、合闸位置指示器
		位置辅助触点接线牢固，上传位置正确
8	避雷器	复合绝缘外套清洁无破损、无裂纹，垂直度符合要求
		引线安装牢固，松紧程度合适，连接螺钉已拧紧，接触牢靠，接地端与接地母线可靠连接
9	电力电缆	新敷设电缆端子头钻距与开关柜原配出口端子孔大小相符，各端子接触良好、正确，触点螺栓力矩紧固，10kV 电缆端子相间距离符合规范要求，电缆卡具在开关柜和电缆层架固定牢固
		电缆牌注明具体的线路名称，A、B、C 三相相别明确，检修人员在检修试验记录中已签字，确认可投运
10	其他	防误装置使用灵活，闭锁可靠
		柜框架和底座接地良好
		柜内二次电缆绑扎牢固，高度、方向一致，芯线两端端子标识正确，多股芯线应挂锡并采用线鼻子压接。电缆牌标志采用打印，挂设完整、齐全、牢固，高低、间距一致，电缆编号、走向、规格、长度清晰明确。备用电缆芯留有适当余量，剪成统一长度，布置统一
		柜内二次线、屏蔽接地与专用接地铜排可靠连接，多股屏蔽应编织引至接地排，采用线鼻子压接，压接根数不宜过多。柜门应用软铜导线与接地可靠连接
		盘面平整齐全，标志正确齐全、清晰、不易褪色，柜内各空开、熔断器位置正确，所有内部接线、元器件紧固
		柜体间接地铜排连接可靠
		柜内电缆孔洞采用防火堵料封堵严密，具有防小动物能力并符合消防规范要求
		备品、备件、专用工具齐全，各种安装文件、产品说明书、出厂合格证、交接试验等文件资料齐全
		各种试验数据齐全、合格，检修、试验人员在记录中签字，有可投运结论
		继电保护装置固定牢靠、设备完整、接线准确牢固，保护动作准确

4. 投运前的检查

高压开关柜检修后，投运前应进行以下工作：

（1）对柜体内外所有紧固螺栓进行检查，恢复至检修前状态。

（2）引出线接点连接紧固，引出电缆固定良好；电缆外绝缘无表面破损，上、下引出孔边缘无挤压电缆外绝缘现象。

（3）柜体锈蚀点清理、着漆。

（4）检查柜体内外无遗留物，柜内设备外绝缘表面清洁，无脏污及凝露。

（5）清理现场，清点工具。

（6）整体清扫工作现场。

（7）安全检查，措施拆除。

（8）投运。

5. 检修报告

高压开关柜检修报告应包括以下内容：

（1）设备检修前的状况。

（2）检修项目及检修方案。

（3）检修质量情况。

（4）检修过程中发现的缺陷和处理情况，以及运行中出现的缺陷和处理情况。

（5）检修前、后的试验和调整记录。

（6）经验与教训总结。

第三节　高压开关柜的柜体及其附属部件的维护保养

高压开关柜的运行维护和保养是确保其安全可靠运行的根本。不同形式、不同开关元件、不同生产厂家，以及运行在不同系统、不同安装位置和不同环境条件下的高压开关柜，在运行过程中所需进行的维护和保养可能各不相同。因此，对于由各种不同结构形式和电气元件组成的高压开关柜，必须根据实际工况进行科学合理的运行维护和保养，以确保这一成套开关设备能长期稳定地运行。

高压开关柜的运行维护和保养应该包括日常的运行维护保养和检修两部分内容，本节主要介绍对高压开关柜的日常运行维护和保养，对于电气元件的检修要求，可以参考各种电气元件的具体要求和规定。

一、对壳体的维护保养

对运行中开关柜的壳体应定期进行巡视检查并做好相应的维护保养工作。

（1）高压开关柜所在高压室应能防潮、防尘、防雨和防止小动物进入，防止开关柜内、外发生锈蚀、脱漆和积尘。

（2）定期检查开关柜的壳体与基础的固定连接、柜与柜之间的连接、柜与接

地导体的连接状况，应无松动和锈蚀。

（3）定期检查柜门铰链及锁具、盖板的连接螺栓的状况，门和锁具应开启灵活，无锈蚀，对铰链及转动部位可适当进行润滑。

（4）定期检查壳体上的通风窗孔是否有异物堵塞，应保持通风孔通畅。

（5）开关柜内照明应充足，观察窗应清洁透明无损伤。

二、对接地连接的维护保养

高压开关柜的接地连接的完好性对高压开关柜的安全运行和运行维护人员的人身安全非常重要，应定期检查开关柜的接地连接是否完好，保证其电气连续性和运行可靠性。

（1）定期检查开关柜的柜门、盖板、各主回路电气元件与高压开关柜壳体的接地连续性，壳体与接地专用导体的接地连续性，接地状况应良好，接地连接应牢靠。

（2）定期检查手车与接地轨道间的滑动接触的状况，应保证手车处于开关柜内任一位置时，接地状态良好。

（3）检查隔离开关、接地开关、接地回路导体与接地引出线的接地回路连接状态，应确保高压开关柜专用接地导体与变电站接地网之间的连接可靠性。

（4）定期检查二次回路接地状态。

三、对联锁装置的维护保养

（1）定期检查机械联锁的传动环节，应保持良好的润滑状况。

（2）定期检查机械联锁受力部件和传动连杆，不应有碎裂、变形和固定轴或导向的偏移。

（3）定期检查通过电磁锁的动作门槛电压、锁舌与锁孔的配合间隙是否符合要求。

（4）定期检查程序锁的程序正确性。

（5）定期检查电气联锁的正确性。

四、套管及绝缘子的维护保养

（1）定期检查套管及绝缘子的安装螺栓是否有松动。

（2）套管及绝缘子的表面应保持清洁，无异常蚀痕。

（3）瓷套管和其他瓷绝缘件应无裂纹破损。

五、辅助和控制回路的维护保养

（1）检查继电器、电器仪表和电气装置等外壳有无破损。

（2）定期检查继电器、微机保护装置的整定值是否正确。

（3）定期检查端子排和端子接线状态。

（4）定期检查各接触点有无磨损、卡涩、变位倾斜、脱轴、脱焊、线圈过热现象。

（5）定期检查感应继电器的铝盘转动是否正确。

（6）检查各类仪表、信号是否正常。

六、绝缘隔板和绝缘护套的维护保养

（1）绝缘隔板和绝缘护套的表面应保持清洁。

（2）绝缘隔板和绝缘护套应无异常蚀痕，无颜色异变。

（3）绝缘隔板和绝缘护套应无裂纹破损，绝缘隔板应无变形、扭曲。

七、触头盒和活门的维护保养

（1）定期检查触头盒及触头盒内静触头的固定情况，紧固应良好、无松动。

（2）触头盒内表面和外表面应清洁，触头盒无裂纹或颜色异变。

（3）定期检查触头盒内静触头的表面是否有影响触头间接触的积尘和氧化层，导电润滑脂应均匀。

（4）活门的开启和关闭应灵活、准确，在关闭位置锁定可靠，与触头盒开口之间的防护等级至少应达到 IP2X。

（5）当手车处于试验位置时，活门应处于完全关闭位置；当手车处于工作位置时，活门应完全开启。

八、压力释放通道和装置的维护保养

（1）定期检查压力释放通道“围墙”的盖板、门等处的连接是否牢靠。

（2）定期检查开关柜顶部压力释放盖板是否符合产品说明书规定的要求。

（3）对于外壳密封结构的开关柜，在产品安装、使用和检修时，应注意不能对压力释放装置的爆破膜施加明显的外力，以防止爆破压力阈值的改变。

九、带电显示装置的维护保养

高压开关柜内的高压带电显示装置一般采用在绝缘体内嵌入分压电容的传感

器部件，而在开关柜面板上装设显示器，两者通过导体连接为一体的形式。基本的维护保养为：对传感器部分，一是应保持绝缘件表面清洁，无裂纹和影响绝缘性能的划痕。二是端子接线应牢靠；对显示器部分，应保证电源接线正确，信号和闭锁回路端子接线可靠，指示氖灯或发光管的发光应正常，附带电磁锁的锁栓活动应灵活可靠。

第四节　高压开关柜内主要电气元件的维护保养

高压开关柜内安装的主回路元件，应按其元件各自的技术要求进行维护保养，对于绝缘结构件、机械紧固、机械润滑等维护内容不再重复叙述。

一、断路器的维护保养

目前，高压开关柜内装用的断路器，多为真空断路器，其维护保养项目主要有：

（1）定期检查真空灭弧室的真空度，可通过工频耐受电压试验是否合格，间接判断真空度是否合格。如使用的是玻璃外壳真空灭弧室，还可通过观察其内部金属表面有无发乌、进行耐压试验时有无辉光放电等现象来判断。定期检查玻璃外壳真空灭弧室的外壳是否有裂纹破损，如有应立即停电更换。

（2）定期测量真空断路器的机械特性或参数是否符合生产厂家的规定，特别是超行程。

（3）定期检查导电夹与导电杆的夹紧连接状态是否良好。

（4）若高压开关柜的合、分闸电源回路采用熔断器保护，更换时应选用规格相同的熔断器，熔丝的熔化特性须可靠。

二、隔离开关的维护保养

（1）定期检查隔离开关动触头有无扭曲变形，合闸时是否能合到底，且接触良好。

（2）定期检查提供接触压力的弹簧（含附加锁紧装置）状态是否良好。

（3）定期检查分闸时断口开距是否符合隔离断口要求，12kV 产品应不小于150mm。

（4）定期检查手动操作杆是否开裂或连接元件是否松动。

（5）定期检查隔离开关与断路器和接地开关间的联锁装置是否正常、可靠。

（6）手车动、静触头接触区域应涂敷防护剂（导电膏、凡士林等）。

（7）定期检查手车动触头有无明显的偏摆变形，与静触头的接触是否正常，有无碰撞，动触头插入深度是否符合产品规定。

三、接地开关的维护保养

应定期检查接地开关分、合闸是否到位，与隔离开关的联锁是否正常，分闸时断口距离是否满足规定要求，合闸时触头夹紧力是否满足要求，接地引出线连接是否牢固。

四、负荷开关的维护保养

对真空负荷开关、SF_6负荷开关的维护保养，可参见本节第一条。而对产气和压气式负荷开关的维护保养，尚需增加对气体喷嘴等的检查。

五、电流互感器的维护保养

高压开关柜内使用的电流互感器，基本上是环氧树脂浇注的电磁式电流互感器，它的维护保养项目主要有：

（1）确认电流互感器二次侧接线端子未松动，确保带电条件下电流互感器的二次侧回路不发生开路。

（2）电流互感器的绝缘体表面应保持清洁。

（3）电流互感器的绝缘体应无裂纹破损和严重蚀痕。

（4）一次侧接线端子与母线连接应紧固良好。

（5）二次侧回路端子应连接良好。

（6）外壳及二次侧回路一点接地应良好。

（7）应注意其端子的极性，保证正确接入表计和保护回路。

六、电压互感器的维护保养

（1）确认电压互感器二次侧不致短路。

（2）一次侧接线端子与母线连接紧固应良好。

（3）检查二次侧回路连接部分螺钉是否坚固及接触良好。

（4）检查外壳和二次侧回路一点接地是否良好。

（5）应注意其二次侧端子的极性，保证正确接入表计和保护回路。

（6）检查二次侧中性点接地线是否良好。

（7）检查保护电压互感器绕组过负荷的熔断管是否良好，更换时应注意选择同一规格。

（8）对充油电压互感器，还应检查油量是否合适，是否有渗漏油现象。

七、避雷器的维护保养

高压开关柜内安装的避雷器，基本上为氧化锌避雷器，它的维护保养可结合避雷器预防性试验进行，主要内容有：

（1）避雷器本体外观维护检查，外表应清洁，无积污、无锈蚀，伞裙完好。

（2）检查避雷器一次接线端子应无过热痕迹，一次引线紧固件应按要求紧固，连接可靠。

（3）避雷器的接地应可靠，发现接触不良应清除锈蚀后紧固，接地线应完好，无断股现象。

（4）检查避雷器放电计数器有无损坏，查看避雷器放电次数，对放电次数过多的避雷器应予以更换。

（5）对避雷器进行绝缘电阻、直流 1mA 电压 U_{1mA} 及 $0.75U_{1mA}$ 下的泄漏电流测量，应符合规定。

八、接触器的维护保养

通常对真空接触器的机械操作特性只规定分、合闸时间，不规定其他机械特性参数，所以带机械保持型真空接触器，除按规定的机械特性参数项进行机械特性检查外，其余可参照本节第一条真空断路器的维护保养内容进行。而对电保持型真空接触器，还应检查保持线圈在规定工作电压范围下，接触器合闸保持是否可靠，保持状态声音是否正常。

九、熔断器的维护保养

对未承受过大电流冲击的熔断器的维护保养，仅检查熔管有无破损和放电痕迹。而对承受过大电流冲击的熔断器，如遇到三相中一相熔断器已经熔断，而其他相熔断器未熔断的情况时，为保证三相熔断器时间–电流特性的一致性，应予以更换。

高压开关柜常见故障分析与处理

根据运行统计，在高压开关柜诸多故障类型中，以绝缘闪络、拒误动故障居多，而绝缘闪络故障大都发生在 40.5kV 电压等级及“小型化”的开关柜上。本章主要是介绍开关柜的缺陷与故障管理及一些常见故障的原因分析及处理方法。

第一节　缺陷与故障管理

一、缺陷的分类及定义

1. 危急缺陷

（1）定义：高压开关柜在运行中发生了直接威胁安全运行并需要立即处理的缺陷，否则，随时可能造成设备损坏、人员伤亡、大面积停电、火灾等事故。

（2）高压开关柜发生表 7–1 第二栏所列情形之一者，应定为危急缺陷，并立即申请停电处理。

2. 严重缺陷

（1）定义：对人身或对设备有严重威胁，暂时尚能坚持运行但需尽快处理的缺陷。

（2）高压开关柜发生表 7–1 第三栏所列情形之一者，应定为严重缺陷，应汇报调度和上级领导，并按照规定进行缺陷传递，在规定时间内进行处理。

表 7–1　　开关柜设备缺陷分类标准

设备（部位）名称	危　急　缺　陷	严　重　缺　陷
1. 通则		
1.1　绝缘子	有开裂放电或严重电晕	严重积污
1.2　导电回路及设备	导电回路有严重过热或打火现象	导电回路温度超过设备允许的最高运行温度
1.3　控制回路	断线、辅助开关接触不良或切换不到位、电阻电容等元件损坏	
2. 开关		
2.1　分合闸线圈	断线或损坏	最低动作电压超出标准和规程要求
2.2　分合闸位置	位置不正确、与当时运行的实际工况不符	
2.3　真空灭弧室	有裂纹、放电声或因放电而发光	真空灭弧室外表面积污严重
3. 接地开关	无法进行分合闸操作	分合闸存在卡滞现象
4. 避雷器	TV 间隔避雷器直接接在母线上或经熔断器后接在母线上	

3. 一般缺陷

（1）上述危急、严重缺陷以外的设备缺陷，指性质一般，情况较轻，对安全运行影响不大的缺陷。

（2）高压开关柜发生下列 3 种情形之一者，应定为一般缺陷，应汇报调度，并按照规定进行缺陷传递，在规定时间内进行处理。

1）编号牌脱落。

2）金属部位锈蚀。

3）柜门密封不严等。

二、缺陷处理程序

（1）值班人员在断路器运行中发现任何不正常现象时，按规定程序上报并做好记录。

（2）值班人员若发现设备有危及电网安全运行且不停电难以消除的缺陷时，应向值班调度员汇报，及时申请停电处理，并按照规定程序上报。

三、故障的分类及定义

一般而言，开关柜的故障包括事故和障碍。

1. 开关柜事故分类

（1）特大设备事故：10kV 开关柜发生火灾，直接经济损失达到规定的数值。

例如，10kV 开关柜爆炸起火，“火烧连营”，殃及其余开关柜，致使经济损失达到 100 万元及以上。

（2）重大设备事故：10kV 开关柜发生火灾，直接经济损失达到规定的数值。例如，10kV 开关柜爆炸起火，殃及其余开关柜，致使经济损失达到 30 万元及以上。

（3）一般设备事故：

1）10kV 开关柜发生的恶性电气误操作包括带负荷拉（合）隔离开关、带电挂（合）接地线（接地开关）、带接地线（接地开关）合断路器（隔离开关）。例如，开关柜机械闭锁失效，可能导致带接地线（接地开关）合断路器（隔离开关）。

2）10kV 开关柜发生一般电气误操作，如 10kV 开关柜误拉（合）断路器。

3）10kV 开关柜发生设备异常运行已达规程规定的紧急停止运行条件而未停止运行。例如，10kV 开关柜发生控制回路断线，未及时处理导致越级跳闸。

4）10kV 开关柜发生火灾，直接经济损失达到 1 万元及以上。例如，10kV 开关柜爆炸起火，致使经济损失达到 1 万元及以上。

5）经区域电网公司、省电力公司、国家电网公司直属公司或本单位认定为事故的。

2. 开关柜障碍分类

（1）设备一类障碍。

1）10kV 开关柜的异常运行或被迫停运引起了对用户少送电。例如，10kV 开关柜断路器故障拒合，导致线路被迫停运。

2）经上级管理部门或本单位认定为一类障碍的。

（2）设备二类障碍。设备二类障碍标准由区域电网公司、省电力公司及国家电网公司直属公司自行制定。

四、故障处理流程

故障处理流程示例参见附录 D。

第二节　常见故障分析与处理

一、拒/误动故障原因分析与处理

拒/误动故障是高压开关柜最主要的故障，可造成用户供电中断及系统越级跳闸等严重后果。

1. 原因分析

（1）机械方面。

1）断路器本体。由于接触行程不合适导致动/静触头接触不实或真空灭弧室内真空度下降造成动静触头接触面氧化、接触电阻增大等原因导致接触部位严重过热、产生熔焊现象，使断路器无法分闸。

2）操动机构。储能电动机故障、电气回路不通等原因造成弹簧未储能，分闸弹簧脱落，手车未摇到位，机构卡涩，部件变形、位移或损坏，分合闸铁芯松动、卡涩，轴销松断，脱扣失灵等，以致造成断路器无法分闸或合闸。例如，开关经运行后，分合闸铁芯行程及冲程不合格，分合闸命令发出后断路器无法正确动作，转换开关无法转换，线圈长时间受电，造成线圈烧损，可造成拒动现象。

3）传动系统。传动部位卡滞、部件变形、位移或损坏，轴销松断，脱扣失灵等原因造成断路器无法分闸或合闸，如传动拉杆与断路器本体连接销钉脱落。

（2）开关位置。开关由于振动或推进不到位等原因造成无位置指示导致断路器拒动。

（3）电气方面。

1）操作电源。操作电源不满足开关要求，电压过高或过低，造成分合闸线圈烧损导致断路器拒动。

2）控制回路。二次接线接触不良，端子松动、断线，分合闸线圈因机构卡涩或转换开关不良而烧损等造成开关拒动，如二次插件回路接触不实或松动，造成储能或分合闸命令无法下达。

3）辅助回路。辅助开关切换不灵，合闸接触器黏连、微动开关动作不正确、断路器线路板整流桥烧坏或限流电阻断开等故障导致断路器拒动。例如，断路器位置指示微动开关断开造成无位置指示，可导致断路器拒动。

2. 处理方法

（1）机械方面。

1）断路器本体。在运行时做好红外测温工作，在投运前及停电检修时做好真空度测试及导电回路电阻测试工作，按要求调整断路器行程及超行程。

2）操动机构。按照断路器低电压传动要求进行就地操作，必要时测量分/合闸铁芯的行程及冲程，对不合格的进行调整，对各轴销进行检查、润滑处理。

3）传动系统。认真对各轴销进行检查和润滑。

（2）断路器位置。改造断路器推进机构行程或调整微动开关行程，保证微动开关触点可靠接触。

（3）电气方面。

1）操作电源。对操动机构电源电压进行测量。

2）控制回路。对二次接线接触情况进行检查，对接线端子进行紧固。

3）辅助回路。对辅助开关触点进行测量，检测线路板整流桥是否正常，限流电阻是否完好。

二、误动故障原因分析与处理

1. 原因分析

（1）机械方面。

1）操动机构。弹簧移位或变形，接触行程超过标准，机械传动部位卡滞，合闸或分闸弹簧断裂、脱落，某一相自锁螺母脱落松动。

2）传动系统。断路器传动部件卡滞、变形。

（2）电气方面。操作电源回路绝缘不良，控制电源电压过低，技术参数调整不合适，合闸电磁铁故障等，如直流回路一点接地或多点接地。

2. 处理方法

（1）机械方面。

1）操动机构。检查弹簧是否有移位或变形，检查机械传动部位是否卡滞、合闸或分闸弹簧是否完好、自锁螺母是否紧固，对变形部件进行修复，不合格的进行更换。

2）传动系统。检查断路器传动部位是否有卡滞、变形现象。

（2）电气方面。检查操作电源回路绝缘状况，是否有多点接地现象，检查控制电源电压，不合格的进行调整，检测断路器技术参数并调整好，检查合闸电磁铁是否完好，不合格的进行更换。

三、开断关合故障原因分析与处理

1. 原因分析

（1）断路器本体。由于真空度下降、断路器在合闸时触头烧损严重，分闸时无法灭弧造成断路器本体过热甚至爆炸。

（2）操动、传动机构。机构卡涩，部件变形（弹簧质量不合格）、位移或损坏等原因造成断路器分/合闸速度不合格、分/合闸时间过长或分/合闸不到位，导致断路器在合闸时触头烧损严重，分/合闸时无法灭弧造成断路器本体过热甚至爆炸。

（3）断路器开合电容、电感电流性能不佳。10～35kV 系统用开关柜中大都选用真空断路器，当真空灭弧室的灭弧性能满足不了开断电容（电容器组）、电感（并联电抗器）电流要求时，开电容电流可能产生重击穿过电压、开电感电流可能产生

截流过电压。

2. 处理方法

（1）断路器本体。在运行时做好红外测温工作（有条件时），在投运前及停电检修时做好真空度测试（可用工频耐压代替）及导电回路电阻测试工作。

在停电作业中，认真检查带电显示装置的状态，如发现断路器分闸指示是绿牌、分闸指示灯亮，但带电显示装置仍在亮灯状态，应首先想到真空灭弧室绝缘损坏，并按照“断路器拒分事故”状态进行操作，以防事故扩大。

（2）操动机构。认真按照断路器低电压传动要求进行传动，必要时测量断路器分/合闸时间、速度及同期，对不合格的按照说明书进行调整，对各轴销进行检查、润滑处理。

（3）选用经过开合电容器组试验无重击穿、开合电抗器无截流过电压的断路器。新装电容器组回路真空断路器在投运前还应进行电流（压）老练试验。

四、隔离插头和接线端子过热故障原因分析与处理

1. 原因分析

（1）制造质量。所采用的导电材料电阻率不合格、杂质多等，导致整体电阻过大造成发热；隔离插头和接线端子的镀层工艺、镀银厚度不满足要求，运行一段时间后动静触头腐蚀严重，造成发热；插头弹簧压力不足或弹簧失效导致动静触头接触不良而发热；接线端子连接螺栓预紧力不够或连接螺栓松动而过热。

（2）安装工艺。现场安装时螺栓未紧固，接触面不平、不足，涂抹的导电膏不合格或变质，接触面未清理干净等，都可能导致接触电阻过大、接触部位发热，如开关柜电缆头与开关柜接引时接触面积不够就可导致接触发热。

（3）现场运行环境。现场运行环境恶劣，空气中水分较大或有耐蚀性气体，导致接触部位氧化、接触电阻过大、接触部位发热。

2. 处理方法

（1）制造质量。对材质的镀层厚度、电阻率、接触部位的接触电阻、母线排的制作工艺进行抽样检查测试。触头镀层厚度不小于 10μm，应为硬质镀银，每个接触部位的接触电阻不应超过技术条件规定。

（2）安装工艺。加强验收、检查，对接触部位接触电阻进行抽查测试，每个接触部位不应超过技术条件规定，固定接触部位不准涂抹导电膏，凡士林要求为中性并应按规定进行涂抹。

（3）现场运行环境。现场进行温湿度、耐蚀性气体测试，安装调温除湿装置、换气装置。

五、闪络放电故障原因分析与处理

1. 原因分析

出现闪络放电故障主要有以下原因：

（1）导体连接部分搭接不良。

（2）柜内元件质量不良，如结构不合理或材质不符合要求、金属导体倒角不符合要求、绝缘件不符合要求。

（3）开关柜设计不良，如空气间隙过小（40.5kV 开关柜此类问题突出，相间距离达不到 330mm）、柜内元件布局不合理、场强设计不合理。

（4）运行环境不良，如绝缘子、互感器、穿墙套管等表面和瓷裙落有污秽，受潮以后耐压强度降低。

（5）电缆终端安装不良，如将电缆通过绝缘子固定在开关柜内筋骨钢梁上，绝缘子恰好卡在电缆头屏蔽断口处，导致局部放电。

2. 处理方法

提高开关柜的制造工艺，采取有效措施改善柜内各处电场分布，避免局部场强集中；选用经试验验证、可靠性高的电气元件；采取有效措施改善开关柜的运行环境，如在室内加装除湿器等。

六、部件变形损坏原因分析及处理

1. 原因分析

（1）机械联锁部件变形、损坏。

1）开关推进机构部件变形、损坏。开关小车由于部件变形等原因造成卡滞而无法正常推进或推出，开关绝缘挡板在小车推出后或推进时无法正常封闭或开启，影响开关小车正常工作。

2）接地开关联锁部件变形、损坏。接地开关处于分闸位置时，由于机械联锁部件变形，下门及后门都无法打开。

（2）过热变形。

1）母线排搭接面未做压花工艺或压花工艺不好而致搭接面过热变形。

2）现场安装时螺栓未紧固，接触面不平、不足，涂抹的导电膏不合格或变质，接触面未清理干净，对母线排搭接面做搪锡处理不合格等，都可能导致接触电阻过大、接触部位发热变形。

3）穿墙套管等部位封闭材料为导磁材料，当电流较大时可产生环流造成过热变形。

2. 处理方法

(1) 机械闭锁变形、损坏。

1) 断路器推进机构部件变形、损坏。

对变形部件进行修复，对损坏部件进行更换。

2) 接地开关联锁部件变形、损坏。

检查机械联锁是否变形损坏，对变形部件进行修复，对损坏部件进行更换。

(2) 过热变形。

1) 接触部位进行降阻处理，如对接触面进行抛光等，保证接触电阻合格。

2) 穿墙套管、母线槽等部位封闭材料更换为非导磁材料，穿墙套管等能因磁通产生环流的部位应做切缝处理，防止磁通形成回路。

七、大电流开关柜通风系统故障原因分析及处理

1. 原因分析

(1) 风机故障。

(2) 通风系统电源回路断线。

2. 处理方法

(1) 更换或修理电动机。

(2) 检查电源回路，消除断线故障。

附录A　高压开关柜调试及交接试验的主要内容

（1）根据订货资料查对柜内安装的各电气元件型号、规格是否相符；

（2）检查开关柜是否平整，基础连接情况，紧固件是否有松动；

（3）检查母线连接处接触是否良好；

（4）手动操动隔离开关3～5次，与断路器的机械联锁应灵活无卡住现象，且动作应准确，程序无误；

（5）手动操动接地开关3～5次，与隔离开关的机械联锁应灵活无卡住现象，且动作应准确，程序无误；

（6）检查断路器、隔离开关的机械特性是否符合其本身规定的要求；

（7）检查互感器特性；

（8）检查避雷器特性；

（9）检查带电显示器；

（10）检查开关柜“五防”功能，如前后门、车等；

（11）检查二次接线是否符合图样要求，在主电路不通电情况下对二次回路通电进行动作试验，分别应在就地和远方进行操作，且应符合二次接线图样的要求；

（12）检查断路器防跳跃、三相不一致功能；

（13）主回路电阻测量，测量方法采用直流电压降法，通以100A直流电流，测其电压降，断路器、隔离开关（插头）应不超过其标准规定值，电气连接端子应不大于1μΩ，除此外还要测量整体回路和分支回路的接触电阻并与出厂值比较；

（14）二次回路绝缘强度试验，在导体与外壳之间，施加交流50Hz、电压2000V，历时1min，应无击穿放电现象，二次回路中有电子元件部分，试验电压由生产厂家与用户商定；

（15）主回路工频绝缘电压试验，在全部开关柜安装调试完成后进行相对地和相间的工频绝缘电压试验，施加交流50Hz，根据开关柜的额定电压，按GB 311.1—2012规定值的85%历时1min，应无击穿闪络现象。

附录B 高压开关柜验收的主要内容

查验安装（检修）记录和安装（检修）报告，各项数据应符合国家、行业的设备订货技术条件，并与出厂试验数据比较，误差在允许范围内。

在此基础上进行下列项目的检查：

（1）检查漆膜有无剥落，柜内是否清洁。

（2）柜上装置的元件、零部件均应完好无损。

（3）带电部分的相间距离、对地距离应符合要求，如导体外采用热塑材料，固化情况应符合要求。

（4）各连接部分应紧固，螺纹连接部分应无脱牙及松动。

（5）母线连接应良好，支持绝缘子等安装应牢固可靠。

（6）柜顶主、支母线应装配完好，母线之间的连接应紧密可靠，接触良好。

（7）检查电缆沟封堵情况。

（8）检查带电显示器。

（9）操动机构应灵活，不应有卡住或操作力过大现象。

（10）断路器、隔离开关等设备通断应可靠准确。

（11）保护接地系统应符合要求。

（12）接地开关应操作灵活，合、分位置应正确无误。

（13）“五防”装置应齐全、功能应可靠。

（14）柜体可靠接地，门的开启与关闭应灵活。

（15）仪表与互感器的接线、极性应正确，计量应准确。

（16）二次回路选用的熔断器的熔丝规格应正确。

（17）控制开关、按钮及信号继电器等型号规格与有关图样应相符，接线应无松动脱落现象。

（18）继电保护整定值应符合要求，自动装置动作应正确可靠，表计及继电器动作应正确无误。

（19）辅助触点的使用应符合电气原理图的要求。

（20）二次插头应完好无损，插接应可靠。

（21）手车在柜内推动应灵活，无卡住现象。

（22）手车处于工作位置时，主回路触头及二次插头应能可靠接触。

（23）手车在柜内应能轻便地推入及推出，能可靠地定位于“工作位置”与“试验位置”。

（24）机械联锁装置应可靠灵活，无卡滞现象。

（25）机械闭锁应准确，柜内照明装置应齐全、完好，以便于巡视检查设备运动状态。

（26）检查注油设备有无渗漏油现象，检查真空断路器真空度，检查 SF_6 断路器是否漏气。

（27）活动部位需注油处，应注入润滑油，少油断路器应注油至油标中位。

附录C　XGN2-12型固定式开关柜检修质量控制卡

12kV 开关柜（真空断路器配弹簧机构）C类检修质量控制卡

工作票号：

变电站名称		间隔及设备名称		检修日期		
天气		温度（℃）		湿度（%）		
序号	检查项目及内容		修　试　标　准		修试结果	检修人
1	柜体、柜门接地检查		接地线连接牢固可靠			
2	检修用接地装置检查，并可靠接地		位置符合挂地线要求，接地良好			
3	真空断路器 清扫、外观及连接线检查		（1）检查12kV真空断路器表面及各零部件有无变形损坏； （2）对各转动部分加上润滑油并紧固各部位螺钉； （3）检查断路器上、下接线端子有无松动与烧痕，绝缘子及灭弧室表面是否清洁； （4）检查断路器在合闸状态时储能弹簧是否处于最短位置； （5）检查分闸状态时连扳位置是否正常			
4	真空断路器 调整测量行程		触头行程、触头超行程应符合厂家要求			
5	真空断路器 操动机构检查		（1）断路器机构动作应灵活，不应发生卡涩及摩擦现象； （2）机构二次端子应无松动、无烧痕； （3）各转动部分加润滑脂			
6	真空断路器 操作试验		（1）进行手动使断路器分、合闸，“储能”、“合闸”、“分闸”指示应正确； （2）进行远方操作试验，断路器传动应灵活，动作应可靠、信号应正确			
7	真空断路器 真空度测试		对真空断路器灭弧室的真空度进行测试：真空度一般要求在10^6Pa以上，或进行工频耐压试验			
8	真空断路器 分、合闸动作电压测量		（1）分闸动作电压在65%～110%额定电压可靠动作，30%额定电压以下不动作； （2）合闸动作电压在80%～110%额定电压可靠动作			
9	真空断路器 操作试验		传动部分应无卡滞，断路器动作指示应正确			
10	真空断路器 表面清扫检查		瓷绝缘子表面应清洁，无裂纹、无破损，瓷铁黏合处应牢固			
11	隔离开关 操动机构检查		机构手柄、扇板、定位闭锁销应完好，转动部分灵活，各连接部分牢固，开口销齐全并开口			

续表

序号	检查项目及内容	修 试 标 准	修试结果	检修人
12	隔离开关 传动拉杆检查、螺栓紧固、同期调整	拉杆及轴销、接头应完好，连接螺栓牢固可靠，开口销齐全并开口，触头接触不同期小于5mm		
13	12kV隔离开关 传动部分检查	传动部分转轴及销轴、传动灵活		
14	12kV隔离开关 导电接触部分检查	接线板、隔离开关、静触座导电接触面应清洁、光滑无氧化，压力弹簧无锈蚀变形，各导电接触面涂中性凡士林；三相隔离开关平行并与静触头中心线对正		
15	12kV隔离开关 防误闭锁检查	防误锁及机械闭锁应可靠，动作应灵活		
16	12kV互感器外观检查	设备铭牌标志应完整、清晰，变比和极性与现场实际相符；浇注式互感器外观的漆膜应均匀、完整，浇注的绝缘材料应无裂纹和破损；二次接线座应完整，绝缘良好，端子标志清晰；所有连接螺栓应齐全、紧固；互感器外壳应可靠接地；表面清扫干净		
17	12kV互感器外观检查 一次侧、二次侧接线检查	互感器的一次侧端子引线接头部位要保证接触良好，并有足够的接触面积，并涂以凡士林；连接导线涂刷相色漆；按照标记重新恢复二次侧接线；绝缘应完好，中间无接头；电缆芯线端部回路编号应清楚		
18	12kV互感器试验	见高压试验标准化作业指导卡		
19	二次回路元件检查	（1） 信号灯、光字牌、仪表显示应正确，工作应可靠； （2） 柜上有接地要求的元件，其外壳应可靠接地； （3） 辅助开关切换应动作准确，接触可靠		
20	导线、电缆检查	（1） 芯线应无损伤、无过热，导线绝缘应良好，连接应牢固可靠； （2） 二次回路的插拔件应接触良好； （3） 可移动部位的连线应无损坏； （4） 电缆孔洞封堵应良好		
21	清扫灰尘	所有元件应清洁		
22	“五防”装置检查	防止电气误操作的“五防”装置应齐全，动作应灵活可靠		
23	安全隔板检查	安全隔板应开启灵活，随手车进出而相应动作		
发现问题、处理经过、结果及结论、需要详尽记录的内容（必要时绘图示意）： （包括更换零部件情况）				
遗留问题、需要说明的问题：				

检修负责人		验收负责人		验收评价	

附录D　开关柜故障处理流程

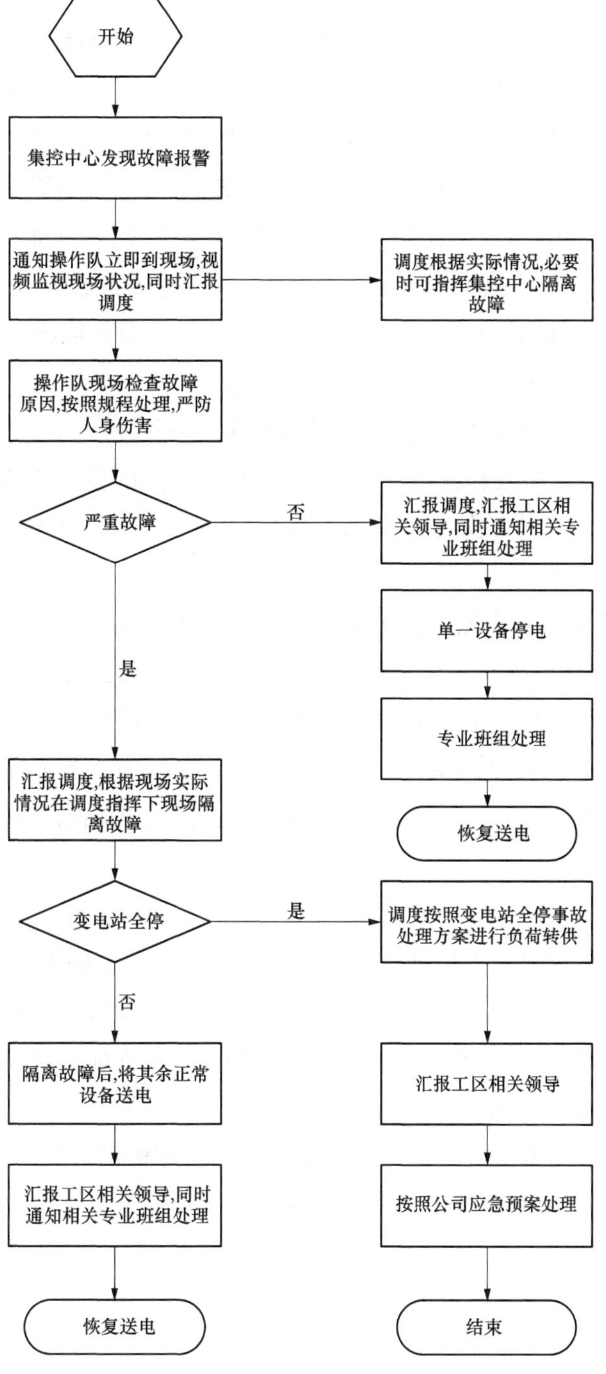

附录E　高压开关柜带电检测技术

1. 地电波局部放电测试技术

当开关柜的内部元件对地绝缘发生局部放电时，少部分放电能量会以电磁波的形式转移到柜体的金属铠装上，并产生持续约几十纳秒的暂态脉冲电压，在柜体表面按照传输线效应进行传播。地电波局放检测技术采用容性传感器探头检测柜体表面的暂态脉冲电压，从而发现和定位开关柜内部的局部放电缺陷。

地电波局部放电定位仪（PDL1）主要用于测量及定位40.5kV和12kV开关柜内部局部放电状况。该仪器通过两根距离600mm或更远的电耦合探测器进行测试，不仅能够显示局部放电的存在及强度（单位：dB），而且能够根据放电脉冲到达两根探针的不同时间确定放电的具体位置。

采用局部放电监测仪（PDM03），可以连续监测并分析一段时间内的局部放电活动，以及因环境（如电压波动、温度等）变化而引发的局部放电变化情况，分析放电水平及其变化，判断放电状况。该仪器具有局部放电的定量和定位功能。

2. 超声波检测技术

超声波检测技术主要采用20kHz以上频带，可不受外部噪声的干扰。通常认为，由于超声波检测时探头完全置于设备体外，放电信号通过绝缘介质衰减很严重，灵敏度较差，定量分析比较困难，仅对局放初测及比较严重的空气中的放电比较有效。但是，在实践中也曾发现超声方法能够检测到而地电波甚至超高频等手段却发现不了的缺陷，当处于某一发展阶段的缺陷主要反应为振动信号时，超声检测方法发现缺陷是具有优势的。

3. 测温技术

利用红外热像仪对开关柜进行温度扫描，可以非常直接地看出温度分布状况，综合分析电流、通风等因素对温度分布的影响，可以及早发现设备的过热缺陷。无论是由于导体连接状况不好引起的过热，还是由于设备内部严重的过热辐射到金属表面，都可以比较有效地检测出来。

触头或导电回路安装热传感器，利用光纤将信号传输出来，就地显示或传输到监控中心，实现触头或导电回路的在线检测。

参 考 文 献

[1]GB 3906—2006. 3.6kV～40.5kV 交流金属封闭开关设备和控制设备. 北京：中国标准出版社，2006.

[2] DL/T 404—2007. 3.6kV～40.5kV 交流金属封闭开关设备和控制设备. 北京：中国电力出版社，2008.

[3] 国家电网公司. 国家电网公司十八项电网重大反事故措施（修订版）. 北京：中国电力出版社，2011.

[4] GB/T 11022—2011. 高压开关设备和控制设备标准的共用技术要求. 北京：中国标准出版社，2012.

[5] GB 311.1—2012. 绝缘配合　第 1 部分：定义、原则和规则. 北京：中国标准出版社，2013.

[6] GB/T 311.2—2013. 绝缘配合　第 2 部分：使用导则. 北京：中国标准出版社，2014.

[7] GB 1984—2014. 高压交流断路器. 北京：中国标准出版社，2015.

[8] GB 3804—2004. 3.6kV～40.5kV 高压交流负荷开关. 北京：中国标准出版社，2005.

[9] GB 16926—2009. 高压交流负荷开关　熔断器组合电器. 北京：中国标准出版社，2010.

[10] GB/T 14808—2001. 交流高压接触器和基于接触器的电动机起动器. 北京：中国标准出版社，2002.

[11] 国家电网安监［2009］664 号《国家电网公司电力安全工作规程》. 2009.